全国职业院校建筑类专业教材

建筑工程计量与计价技能训练

蔡胜红◎主编

中国劳动社会保障出版社

图书在版编目（CIP）数据

建筑工程计量与计价技能训练 / 蔡胜红主编．-- 北京：中国劳动社会保障出版社，2024
全国职业院校建筑类专业教材
ISBN 978-7-5167-6035-2

Ⅰ．①建…　Ⅱ．①蔡…　Ⅲ．①建筑工程 - 计量 - 中等专业学校 - 教材②建筑工程 - 工程造价 - 中等专业学校 - 教材　Ⅳ．①TU723.3

中国国家版本馆 CIP 数据核字（2023）第 209690 号

中国劳动社会保障出版社出版发行
（北京市惠新东街 1 号　邮政编码：100029）
*
三河市华骏印务包装有限公司印刷装订　新华书店经销

787 毫米 ×1092 毫米　8 开本　8.5 印张　209 千字
2024 年 1 月第 1 版　2024 年 1 月第 1 次印刷
定价：21.00 元

营销中心电话：400-606-6496
出版社网址：http://www.class.com.cn
http://jg.class.com.cn

本技能训练是全国职业院校建筑类专业教材《建筑工程计量与计价》的配套技能训练，根据职业院校建筑类专业学生的特点，并参照国家相关职业标准和行业岗位技能鉴定规范编写。

本技能训练选择了两套不同类型、不同难度的施工图，供学生课后练习使用。第一套是办公楼工程的施工图，这座3层办公楼为独立基础，建筑物体量较小，结构较简单，适合初入门时选做。第二套是2号宿舍楼工程的施工图，这座5层宿舍楼为桩基础，建筑物体量较大，结构也较复杂，适合有一定基础后选做。

本技能训练由蔡胜红主编。

目录
CONTENTS

办公楼工程

“办公楼工程”说明及要求

一、说明

1. 本实例图纸为办公楼工程的施工图纸，3 层框架结构，层高为首层 3.5 m、二层 3.2 m、三层 3.0 m，主体建筑高度（外地坪至檐口板面）10.2 m，独立柱基础、灰砂砖墙。

2. 本工程造价依据以下规范（文件）编制：国家计量与计价相关规范，包括《房屋建筑与装饰工程工程量计算规范》（GB 50854—2013）、《建设工程工程量清单计价规范》（GB 50500—2013）和国家建筑标准设计图集（22G101 系列图集）等规范，以及地方建筑与装饰工程定额、地方计费程序和价格文件。

3. 本工程可根据实际教学情况使用相应的算量与计价软件，参考使用软件为广联达 BIM 土建计量平台（GTJ2021）、广联达云计价平台（GCCP6.0）等。

4. 本工程基础土方为二类土，交付场地标高为设计外地坪标高，余土外运距离为 20 km，挖土机挖土。

5. 本工程混凝土采用预拌普通混凝土。

6. 本工程的工程造价费用及税金的计算按当地定额及相关文件执行。

二、要求

试根据以上的说明，完成以下技能训练任务：

1. 计算该工程的建筑面积。

2. 计算该工程建筑工程的分部分项工程及措施项目清单工程量，并编制该工程建筑工程的分部分项工程及措施项目清单。

3. 计算该工程建筑工程的分部分项工程及措施项目定额工程量，进行工程量清单综合单价分析，并根据实际情况编制该工程项目单位工程最高投标限价。

以上计算过程所用表格见附录 2。

工程设计图纸目录

工程名称 办公楼工程 出图日期 年 月 日

建筑设计说明、门窗表

说明：本工程是为练习工程造价相关计算而设计的，不是实际工程，勿照图施工。

一、设计依据

1.《民用建筑设计统一标准》(GB 50352—2019)。

2.《住宅设计规范》(GB 50096—2011)。

3.《住宅建筑规范》(GB 50368—2005)。

4.《住宅建筑构造》(11J930)。

5.国家及地区有关规范、法规、法令和规定。

二、工程概况

1.工程建设地点为________________，总建筑面积为____________m^2，建筑总高度为10.200 m，建筑层数为地上3层。

2.屋面工程防水等级为2级。

3.建筑工程等级为1级，使用年限为50年；防火分类为二类，耐火等级为1级。

4.设计标高为±0.000 m，相当于绝对标高11.000 m。

三、楼地面做法

1.室内地坪垫层：80 mm厚C15混凝土。

2.卫生间、门廊及走廊楼地面：20 mm厚1∶3水泥砂浆找平，2 mm厚聚合物水泥基防水涂膜，遇墙上翻400 mm高，10 mm厚1∶2水泥砂浆粘贴300 mm×300 mm防滑砖面层。

3.楼梯及台阶面：20 mm厚1∶3水泥砂浆找平，10 mm厚1∶2水泥砂浆粘贴300 mm×300 mm梯级砖面层。

4.其他楼地面：20 mm厚1∶3水泥砂浆找平，10 mm厚1∶2水泥砂浆粘贴600 mm×600 mm抛光砖面层。

四、墙身及墙面做法

1.墙身防潮层：所有墙身在低于室内地面标高-0.06 m处做20 mm厚1∶2水泥防水砂浆防潮层。

2.卫生间四周墙体下：应做300 mm高混凝土翻边（门洞口除外），宽度同墙宽。

3.卫生间墙面：15 mm厚1∶3水泥砂浆打底，5 mm厚1∶2水泥砂浆粘贴200 mm×300 mm面砖。

4.其他内墙面：15 mm厚1∶1∶6水泥石灰砂浆打底，5 mm厚石灰砂浆抹面，满刮腻子一遍，扫乳胶漆两底两面。

5.外墙面：20 mm厚1∶3水泥砂浆打底，8 mm厚1∶2.5聚合物水泥防水砂浆粘贴195 mm×45 mm外墙砖。

五、天棚做法

天棚抹10 mm厚1∶1∶6水泥石灰砂浆底、5 mm厚1∶2.5石灰砂浆面，满刮腻子一遍，扫乳胶漆两底两面。

六、踢脚线做法

除卫生间墙面外，其他内墙均做100 mm高踢脚线砖，做法为：15 mm厚1∶1∶6水泥石灰砂浆打底，1∶2水泥砂浆粘贴600 mm×100 mm踢脚线砖。

七、屋面做法

1.屋面防水做法（由下至上）：20 mm厚1∶2.5水泥砂浆找平，刷基层处理剂一遍，2 mm厚聚氨酯防水涂料；20 mm厚1∶2水泥砂浆保护层和40 mm厚C25细石混凝土刚性防水层，分格缝宽15 mm，缝内填嵌缝建筑油膏。

2.雨篷顶做法（由下至上）：20 mm厚1∶2.5水泥砂浆找平，刷基层处理剂一遍，2 mm厚聚氨酯防水涂料和20 mm厚1∶2水泥砂浆保护层。防水涂料及其保护层上翻350 mm高。

3.屋面隔热做法：5 mm厚M5水泥石灰砂浆座砌300 mm×300 mm×65 mm膨胀珍珠岩隔热块。

八、门窗、玻璃、胶

本工程采用的门窗框料与类型：

☑铝合金窗 ☐塑钢门窗 ☐彩色压型钢板门窗 ☑成品实木装饰门 ☐玻璃幕墙

平开铝合金窗选用 ☐40系列 ☐50系列 ☐70系列

推拉铝合金窗选用 ☐55系列 ☐70系列 ☑90系列

型材壁厚选用 ☐1.2 mm ☑1.4 mm窗用6 mm厚白色玻璃，其框料颜色为银灰色。

门 窗 表

类型	设计编号	洞口尺寸(mm×mm)	数量	备注
门	M-1	900×2100	24	带门套成品实木装饰门
	M-2	800×2000	6	带门套成品实木装饰门
窗	C-1	1200×2100	8	6 mm厚平板玻璃银白色铝合金推拉窗
	C-2	1800×2100	8	6 mm厚平板玻璃银白色铝合金推拉窗
	C-3	2400×2100	4	6 mm厚平板玻璃银白色铝合金推拉窗
	C-4	1200×1800	8	6 mm厚平板玻璃银白色铝合金推拉窗
	C-5	1800×1800	8	6 mm厚平板玻璃银白色铝合金推拉窗
	C-6	2400×1800	4	6 mm厚平板玻璃银白色铝合金推拉窗
	C-7	1200×1600	8	6 mm厚平板玻璃银白色铝合金推拉窗
	C-8	1800×1600	8	6 mm厚平板玻璃银白色铝合金推拉窗
	C-9	2400×1600	4	6 mm厚平板玻璃银白色铝合金推拉窗
	C-10	2400×1850	2	6 mm厚平板玻璃银白色铝合金推拉窗

						建设单位		业务号	
								设计阶段	施工图
审定			校对			工程名称	办公楼工程	图号	JS-01
审核			设计					比例	1 ∶ 100
项目负责人			制图			图纸名称	建筑设计说明、门窗表	张数	共23张第1张
专业负责人								出图日期	

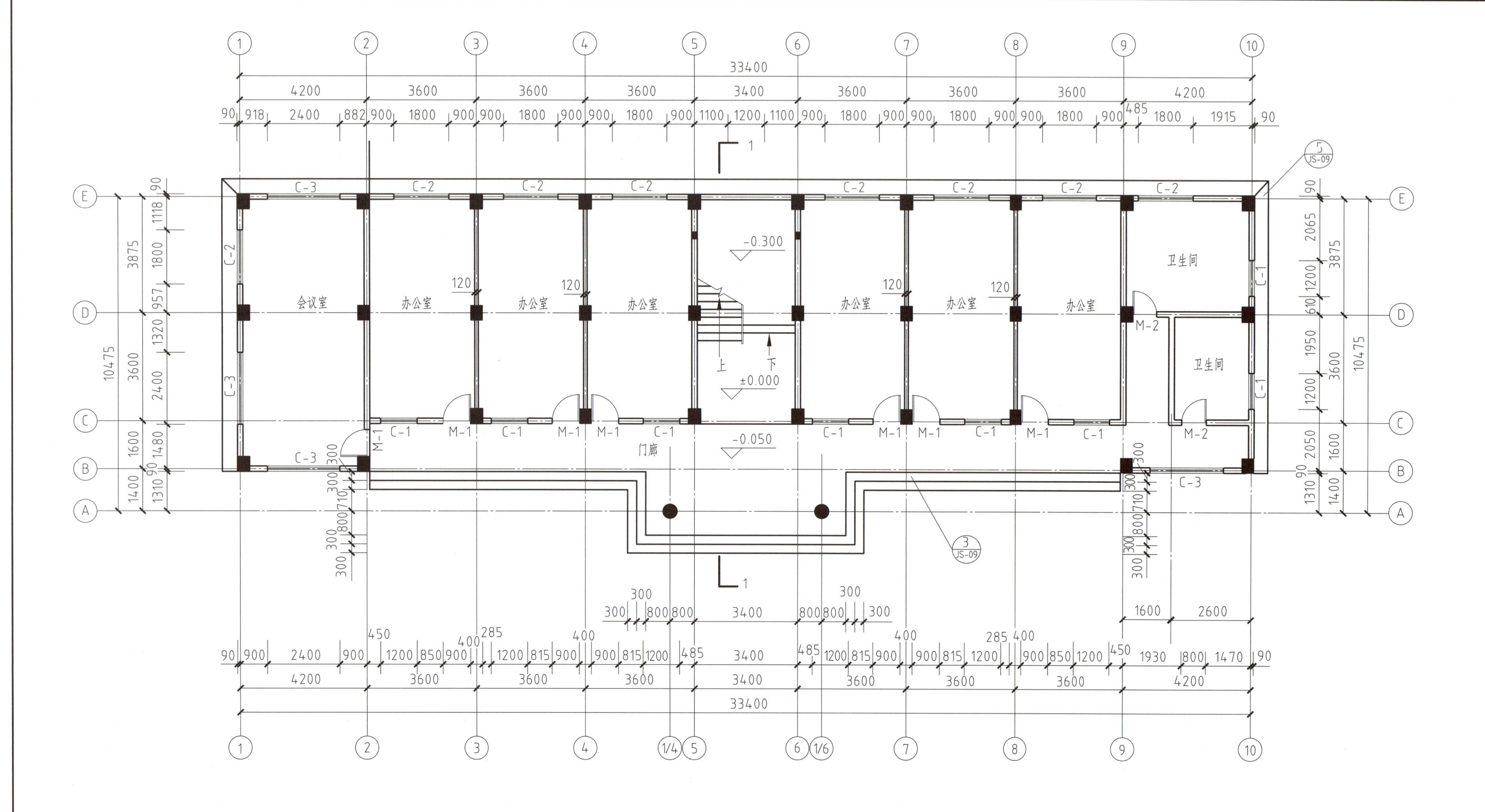

首层平面图 1：100

说明：

墙体厚度除注明外均为180 mm厚灰砂砖墙。内地坪以下砌筑砂浆为M7.5水泥砂浆，内地坪以上砌筑砂浆为M5水泥石灰砂浆。

						建设单位		业务号	
								设计阶段	施工图
审定			校对			工程名称	办公楼工程	图号	JS-02
审核			设计					比例	1 ： 100
项目负责人			制图			图纸名称	首层平面图	张数	共23张第2张
专业负责人								出图日期	

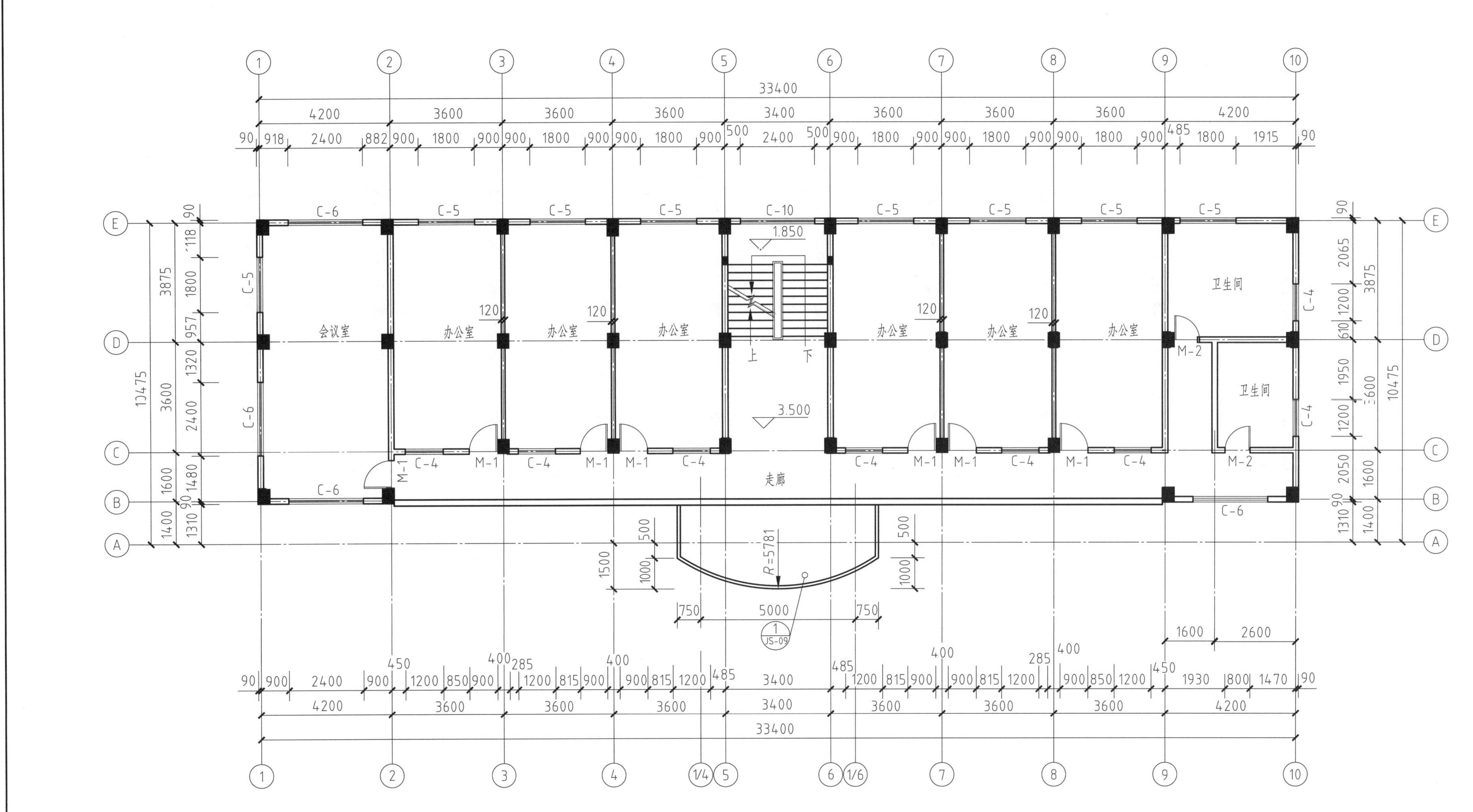

二层平面图 1：100

说明：

1. 墙体厚度除注明外均为180 mm厚灰砂砖墙。砌筑砂浆为M5水泥石灰砂浆。
2. 走廊砖砌栏板为M5水泥石灰砂浆砌120 mm厚灰砂砖。

				建设单位		业务号	
						设计阶段	施工图
审定		校对		工程名称	办公楼工程	图号	JS-03
审核		设计				比例	1 ： 100
项目负责人		制图		图纸名称	二层平面图	张数	共23张第3张
专业负责人						出图日期	

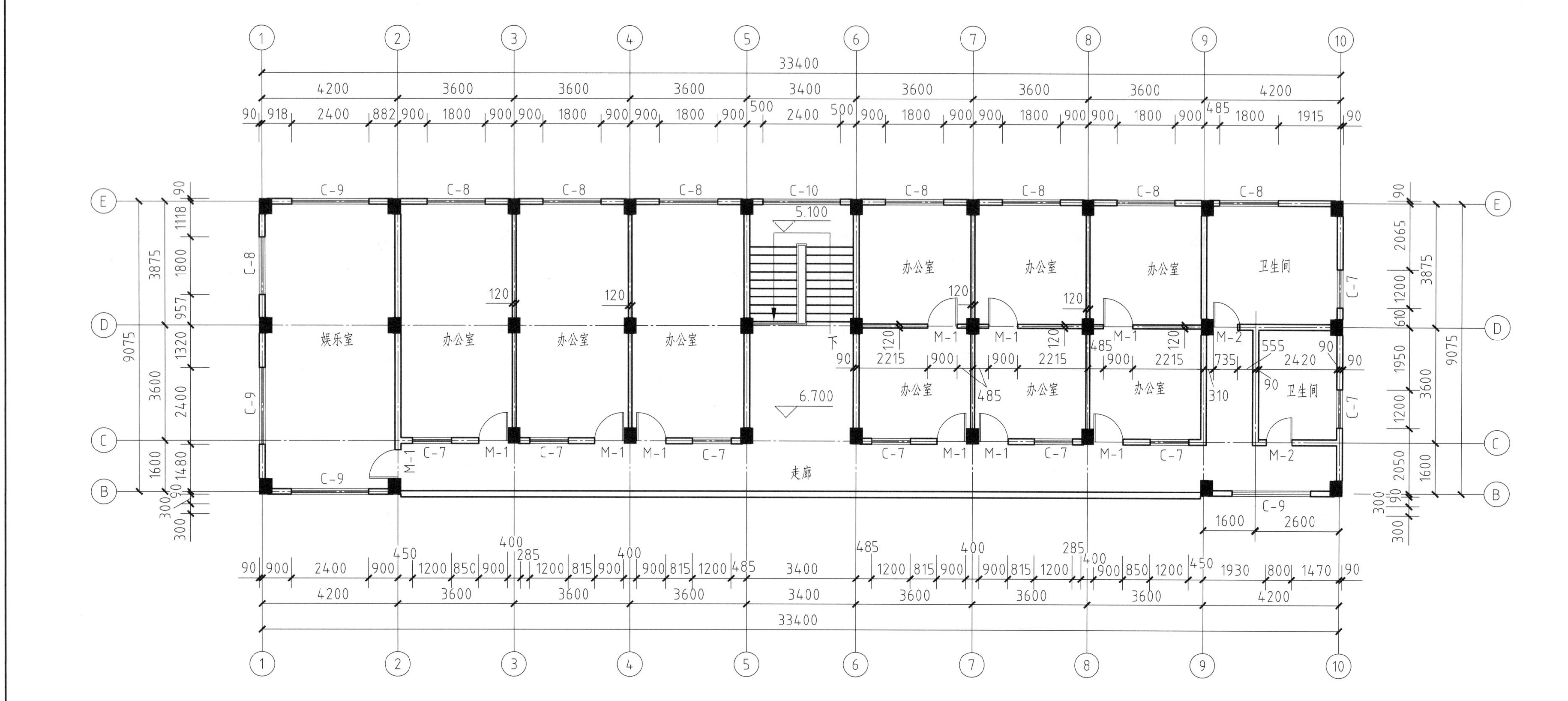

三层平面图1：100

说明：

1. 墙体厚度除注明外均为180 mm厚灰砂砖墙。砌筑砂浆为M5水泥石灰砂浆。
2. 走廊砖砌栏板为M5水泥石灰砂浆砌120 mm厚灰砂砖。

						建设单位		业务号	
								设计阶段	施工图
审定			校对			工程名称	办公楼工程	图号	JS-04
审核			设计					比例	1 ： 100
项目负责人			制图			图纸名称	三层平面图	张数	共23张第4张
专业负责人								出图日期	

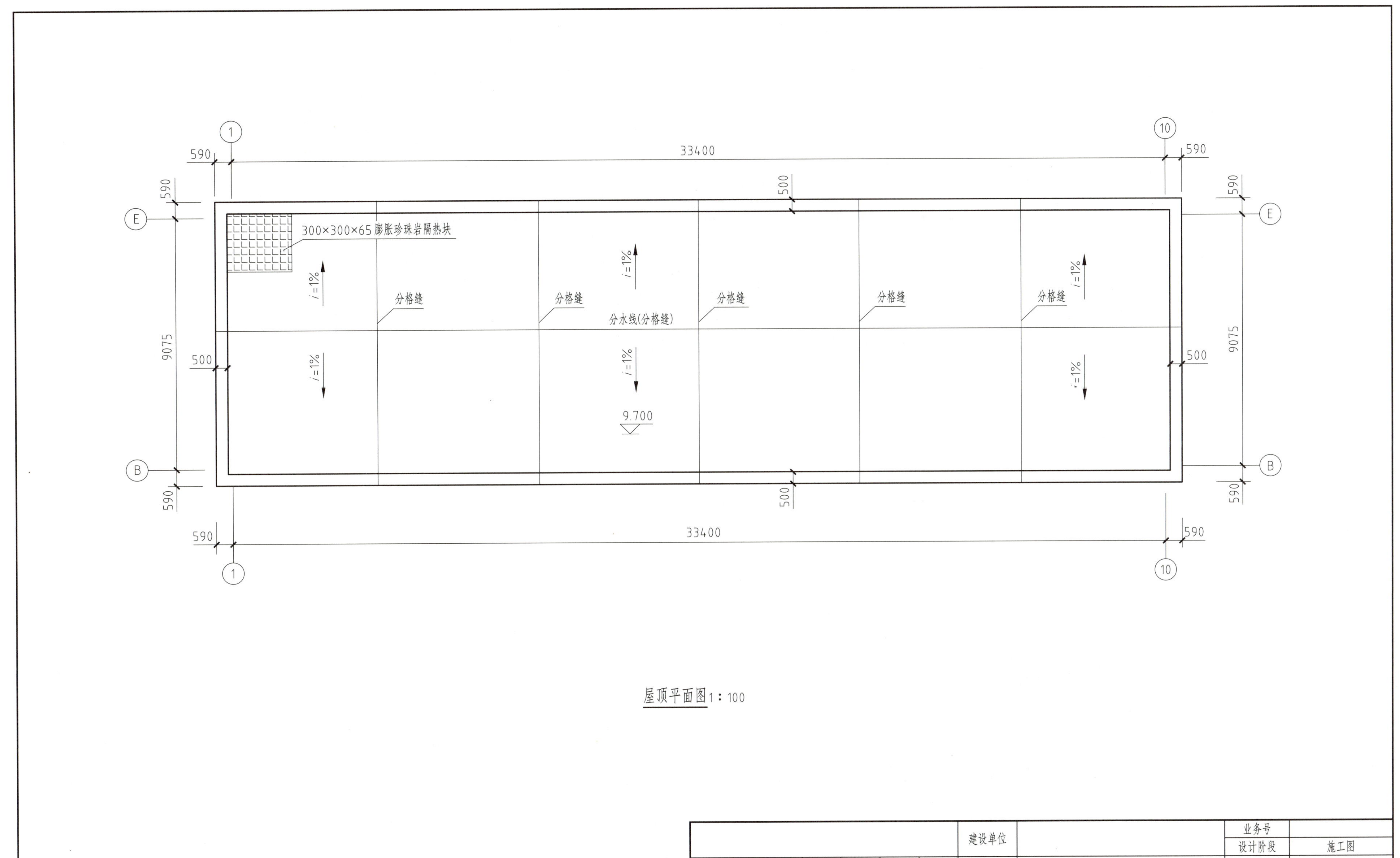

屋顶平面图1：100

						建设单位		业务号	
								设计阶段	施工图
审定			校对			工程名称	办公楼工程	图号	JS-05
审核			设计					比例	1 ： 100
项目负责人			制图			图纸名称	屋顶平面图	张数	共23张第5张
专业负责人								出图日期	

						建设单位		业务号	
								设计阶段	施工图
审定			校对			工程名称	办公楼工程	图号	JS-06
审核			设计					比例	1 ： 100
项目负责人			制图			图纸名称	①-⑩立面图、Ⓐ-Ⓔ立面图	张数	共23张第6张
专业负责人								出图日期	

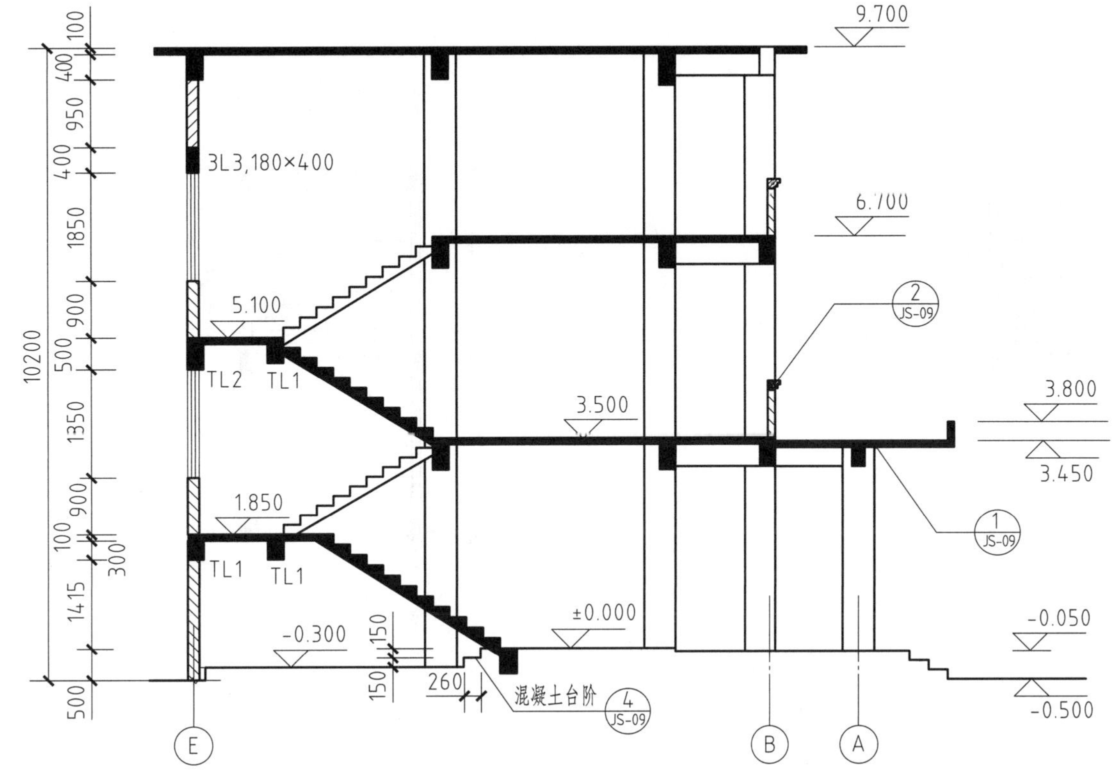

1—1剖面图 1：100

3L3,180×400
B1 2-7 22J403-1 （国标）
5.100
6.700
3.500
1.850
±0.000
-0.500
TL1
TL2,250×500
TL1
TL1,250×400
L2,250×500
1100
1000
1000
1000
1000
168.2×11=1850
165×10=1650
160×10=1600
160×10=1600
250
1160
780
10×260=2600
E
D
C

2—2剖面图 1：100

						建设单位		业务号	
								设计阶段	施工图
审定			校对			工程名称	办公楼工程	图号	JS-07
审核			设计					比例	1 ： 100
项目负责人			制图			图纸名称	1—1剖面图、2—2剖面图	张数	共23张第7张
专业负责人								出图日期	

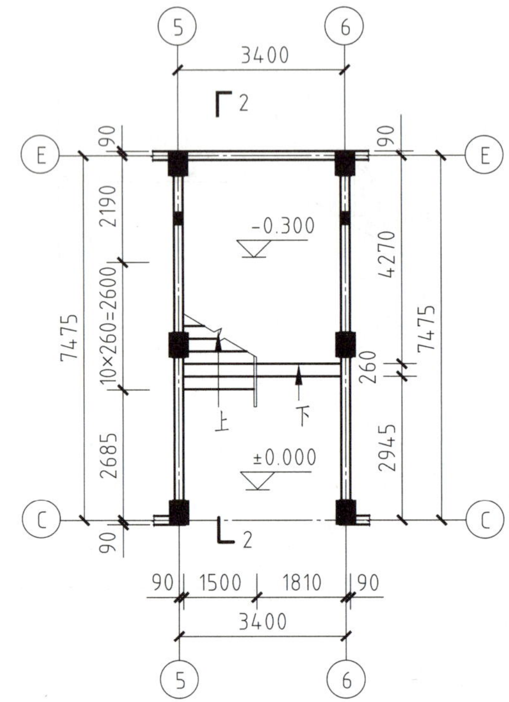

楼梯首层平面图 1：100

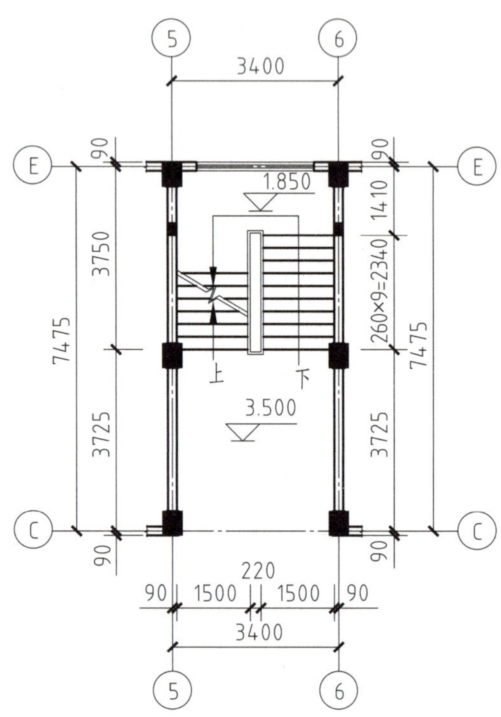

楼梯二层平面图 1：100

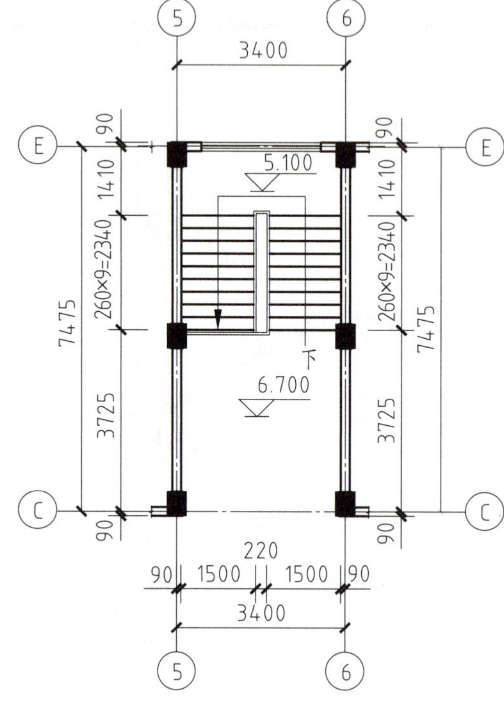

楼梯顶层平面图 1：100

						建设单位		业务号	
								设计阶段	施工图
审定			校对			工程名称	办公楼工程	图号	JS-08
审核			设计					比例	1 ： 100
项目负责人			制图			图纸名称	楼梯平面图	张数	共23张第8张
专业负责人								出图日期	

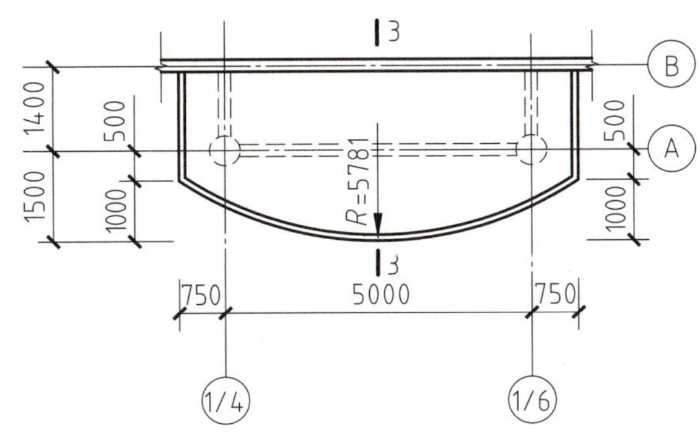

①雨篷平面大样 1：100

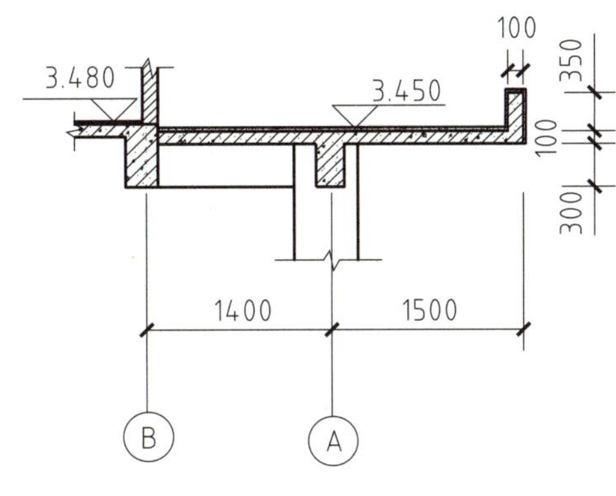

3—3剖面图 1：50

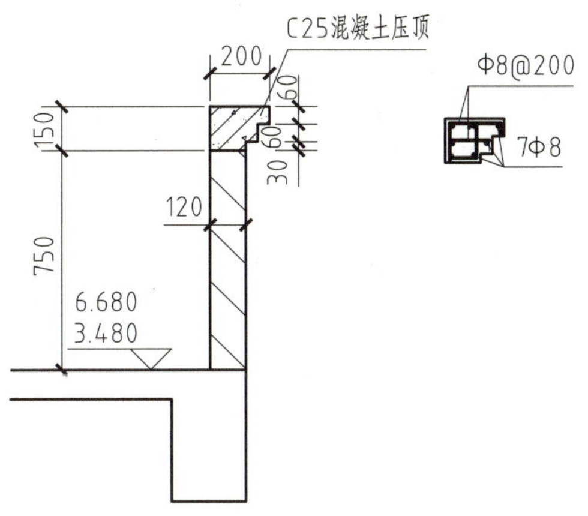

②走廊栏板大样 1：20

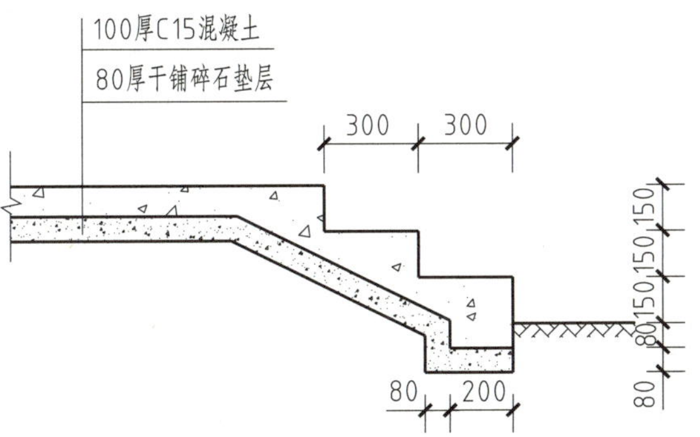

③混凝土台阶大样（三阶） 1：20

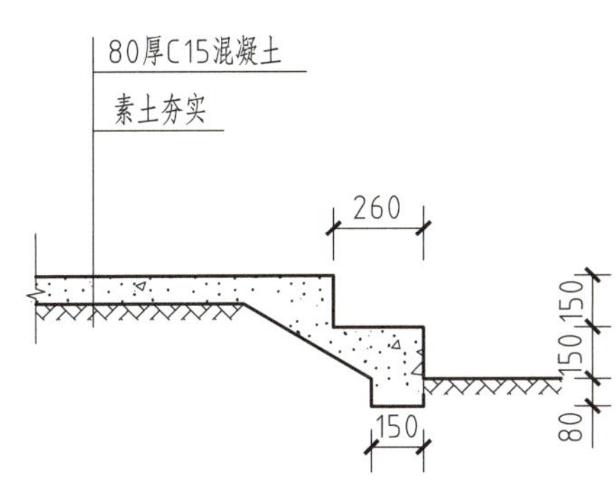

④混凝土台阶大样（二阶） 1：20

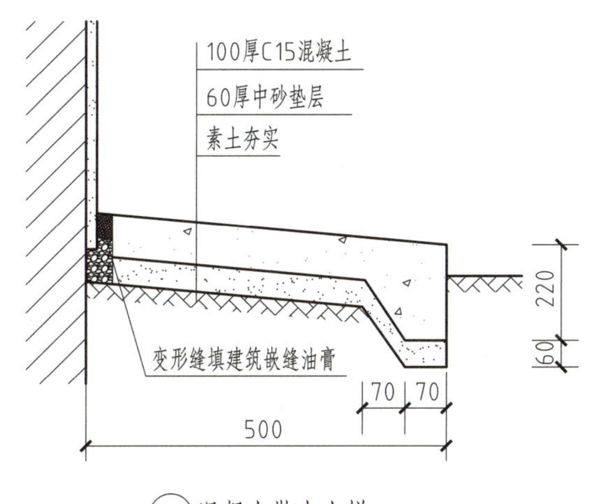

⑤混凝土散水大样 1：10

						建设单位		业务号	
								设计阶段	施工图
审定			校对			工程名称	办公楼工程	图号	JS-09
审核			设计					比例	1 ： 100
项目负责人			制图			图纸名称	大样图	张数	共23张第9张
专业负责人								出图日期	

结构设计总说明（一）

一、总则

☑1. 在本说明中，凡画“☑”符号者为本工程所用。
☑2. 本工程结构设计基准周期为 50 年，结构的设计使用年限为 50 年。建筑结构的安全等级为二级。
☑3. 本说明及施工图纸中的计量单位除注明外，标高以米（m）为单位，其余以毫米（mm）为单位。
本结构图所注标高为结构完成面标高，结构完成面标高为建筑标高减 50 mm。
☑4. 本工程的结构类型为框架结构。檐高为 10.2 m。
☑5. 本工程 ±0.000 为首层室内地面标高，相当于测量标高，详见建筑图。
☐6. 本工程人防地下室部分详见人防地下室施工图。
☑7. 除按本说明要求外，尚应遵守各有关施工和验收规范及规程的规定。
☑8. 施工准备或施工过程中，若发现图纸错漏或与实际情况不符之处，请及时通知设计人员研究解决。
☑9. 本工程施工图纸需经图纸会审后方可用于施工。
☑10. 未经设计同意或技术鉴定，不得改变使用环境和用途。

二、设计主要依据和资料

☑1. 施工图阶段建筑、设备专业人员提供的有关图纸和资料。
☑2. 广东省地质建设工程勘察院提供的本工程的工程场地勘察报告。
☑3. 国家及广东省现行设计规范、规程：
☑（1）《混凝土结构设计规范（2015 年版）》（GB 50010—2010）。
☑（2）《建筑抗震设计规范（2016 年版）》（GB 50011—2010）。
☑（3）《工程结构通用规范》（GB 55001—2021）。
☑（4）国家建筑标准设计图集《混凝土结构施工图平面整体表示方法制图规则和构造详图》，包括 22G101—1、22G101—2、22G101—3。

三、结构抗震设计、荷载、防火、耐久性及地下室防水要求

☑本工程抗震设防类别为丙类建筑，抗震设防烈度为 7 度，结构的抗震等级为三级。

四、地基基础部分

☑1. 本工程地基基础设计等级为甲级。地基土的液化等级为轻微液化，建筑场地类别为Ⅱ类。
☐2. 本工程采用（☐天然、☐人工复合）地基（☐扩展、☐无筋扩展、☐条形）基础，基础持力层为______，地基承载力特征值 f_{ak} =______ kPa，基础底埋深在内地面标高以下约______m。
☐3. 条型基础埋置深度有变化时应做成 1∶2 跌级连接。除特殊情况外，施工时一般按结构设计总说明（二）中图一做法处理。
☐4. 当底层内隔墙（高度≤ 4 m）直接砌筑在混凝土地面上时可按结构设计总说明（二）中图一施工。
☑5. 本工程采用混凝土独立基础，基础要求详见 GS-04。
☐6. 本工程地下室设防水位标高为 -0.30 m。
☑7. 基础施工时若发现地质实际情况与设计要求不符，须立刻通知设计工程师及地质勘察工程师共同研究处理。

五、钢筋混凝土结构部分

☑1. 结构材料采用 HPB300（Φ）、HRB400（Ф）热轧钢筋。
☑2. 现浇结构的钢筋锚固长度和搭接长度详见 22G101—1、22G101—2、22G101—3。柱梁纵向钢筋搭接均采用直螺纹套筒连接。
☑3. 现浇结构各部件混凝土强度等级：钢筋混凝土基础的垫层采用 C15 素混凝土，垫层厚度为 100 mm；除图纸注明外，基础、基础梁及各层柱、梁板等混凝土强度等级均采用 C25。
☑4. 柱、梁、板、楼梯及基础等钢筋混凝土结构构造详见 22G101—1、22G101—2、22G101—3。
☑5. 当框架梁、柱混凝土强度等级相差超过 5 MPa时，其节点区的混凝土强度等级应按其中较高级者施工。梁柱节点做法详见结构设计总说明（二）中图四。
☑6. 除注明做法要求外，有双层钢筋的楼板均加间距为 1000 mm×1000 mm 的支撑钢筋（悬臂板 @500×500），当板厚 <200 mm 时，钢筋直径为 Φ8 mm；200 mm ≤板厚 <300 mm 时，钢筋直径为Ф10 mm；板厚≥ 300 mm 时，钢筋直径为Ф12 mm；其形式为 ，详见结构设计总说明（二）中图二。
☑7. 各楼层端跨板阳角处（包括嵌固于承重墙内或支撑在钢筋混凝土梁上的板）在 1/4 短向板跨长度范围内应另配双向的板面钢筋，间距≤ 200mm，直径与端角板之负钢筋直径相同，详见结构设计总说明（二）中图九。
☑8. 除注明做法外，开洞楼板孔洞直径 D 或方洞宽度 B<300 mm 时，板的主筋可绕过孔洞边，不设附加钢筋。当 300 mm<D（B）<1000 mm 时，应沿周边设附加钢筋，其每侧钢筋截面面积应不小于被孔洞切断的受力钢筋总面积的一半，且每侧≥ 2Ф12 mm，详见结构设计总说明（二）中图三。

六、砌体部分

☑1. 骨架结构中的墙砌体均不作承重用。内地坪以下用 MU15 灰砂砖、M7.5 水泥砂浆砌筑；内地坪以上采用 MU15 灰砂砖、M5 水泥石灰砂浆砌筑。
☑2. 当砌体墙的水平长度大于 5 m 或墙端部没有钢筋混凝土墙柱时，应在墙中间或墙端部加设构造柱（GZ）。构造柱的混凝土强度等级为 C25，竖筋为 4Ф12 mm，箍筋为Φ6@200，其柱脚及柱顶在主体结构中预埋 4Ф12 mm 竖筋，该竖筋伸出主体结构面 500 mm。施工时需先砌墙后浇柱，砌墙时墙与柱要砌成马牙槎，见结构设计总说明（二）中图五，墙与柱的拉结每隔 500 mm 设置 2Φ6 mm 拉结筋，埋入墙内 1000 mm，并与柱连接，见结构设计总说明（二）中图六，拉结筋应在砌墙时预埋。
☑3. 钢筋混凝土框架柱与砌体用 2Φ6 mm 钢筋拉结（拉结筋），拉结筋沿框架柱全高每隔 500 mm 设置，拉筋伸入墙内长度如下：抗震设防烈度为 6 度时宜沿墙全长贯通，7、8、9 度时应沿墙全长贯通。
☑4. 高度大于 4 m、厚 180 mm 的砌体及高度大于 3 m、厚 120 mm 的砌体，须在墙半高处设置与柱连接的钢筋混凝土水平系梁，墙厚为 180 mm 时，梁截面为 180 mm×180 mm，纵筋为 4Ф12 mm，箍筋为Φ6@200；墙厚为 120 mm 时，梁截面为 120 mm×180 mm，纵筋为 4Ф12 mm，箍筋为Φ6@150；纵筋锚入柱内不少于 35d。水平系梁的混凝土强度等级为 C25。
☑5. 墙顶部斜砖必须逐块敲紧砌实，砂浆满填，且须待下部砌体沉实后（一般约 7 d 左右）再砌顶部斜砖。
☑6. 砌体墙中的门窗洞及设备预留孔洞，其洞顶均需设钢筋混凝土过梁，过梁钢筋混凝土等级为 C25；过梁尺寸及构造要求统一按以下规定：
（1）当洞宽为 1000 mm 以下时为板式过梁，梁宽同墙厚，梁高取 120 mm，两端伸入支座 250 mm；底筋为 2Ф10 mm，箍筋为Φ6@150。
（2）当洞宽为 1000~1500 mm 时为板式过梁，梁宽同墙厚，梁高取 120 mm，两端伸入支座 250 mm；底筋为 3Ф10 mm，箍筋为Φ6@150。
（3）当洞宽为 1500~1800 mm 时，梁宽同墙厚，梁高取 150 mm，两端伸入支座 300 mm；底筋为 2Ф12 mm，面筋为 2Φ8 mm，箍筋为Φ6@150。
（4）当洞宽为 1800~2400 mm 时，梁宽同墙厚，梁高取 180 mm，两端伸入支座 300 mm；底筋为 3Ф12 mm，面筋为 2Φ8 mm，箍筋为Φ6@150。
（5）当洞宽为 2400~3000 mm 时，梁宽同墙厚，梁高取 240 mm，两端伸入支座 350 mm；底筋为 3Ф14 mm，面筋为 2Ф10 mm，箍筋为Φ6@150。
（6）洞宽大于 3000 mm 时，过梁尺寸及构造要求须另行计算。
（7）当洞顶与结构梁（板）底的距离小于过梁高度时，过梁须与结构梁（板）浇成整体，见结构设计总说明（二）中图八。
☐7. 屋面砌体女儿墙及阳台砌体栏板墙应每隔 4 m 设置构造柱，构造柱的混凝土强度等级为 C25，构造柱应与主体结构每隔 250 mm 设置 2Φ6 mm 拉结筋拉结，见结构设计总说明（二）中图十。
☑8. 砌体施工质量控制等级为 B 级。
☑9. 所有砌体砌筑砂浆和抹灰砂浆必须采用预拌砂浆。

七、其他

☑1. 本结构施工图应与建筑、设备的施工图密切配合，及时铺设各类管线及套管，并核对留洞及预埋件的位置是否准确，避免日后打凿主体结构，设备基础待设备到货，经校核无误后方可施工。
☑2. 凡下面有吊顶的混凝土板均需预留吊筋，做法详见有关建筑施工图。
☑3. 楼梯栏杆与混凝土梁板的连接及其埋件做法详见有关建筑施工图。
☑4. 配合电气防雷接地的要求做好桩、底板、柱和筒体主筋的焊接，形成良好电气回路。

				建设单位		业务号	
						设计阶段	施工图
审定		校对		工程名称	办公楼工程	图号	GS-01
审核		设计				比例	1 ∶ 100
项目负责人		制图		图纸名称	结构设计总说明（一）	张数	共 23 张第 10 张
专业负责人						出图日期	

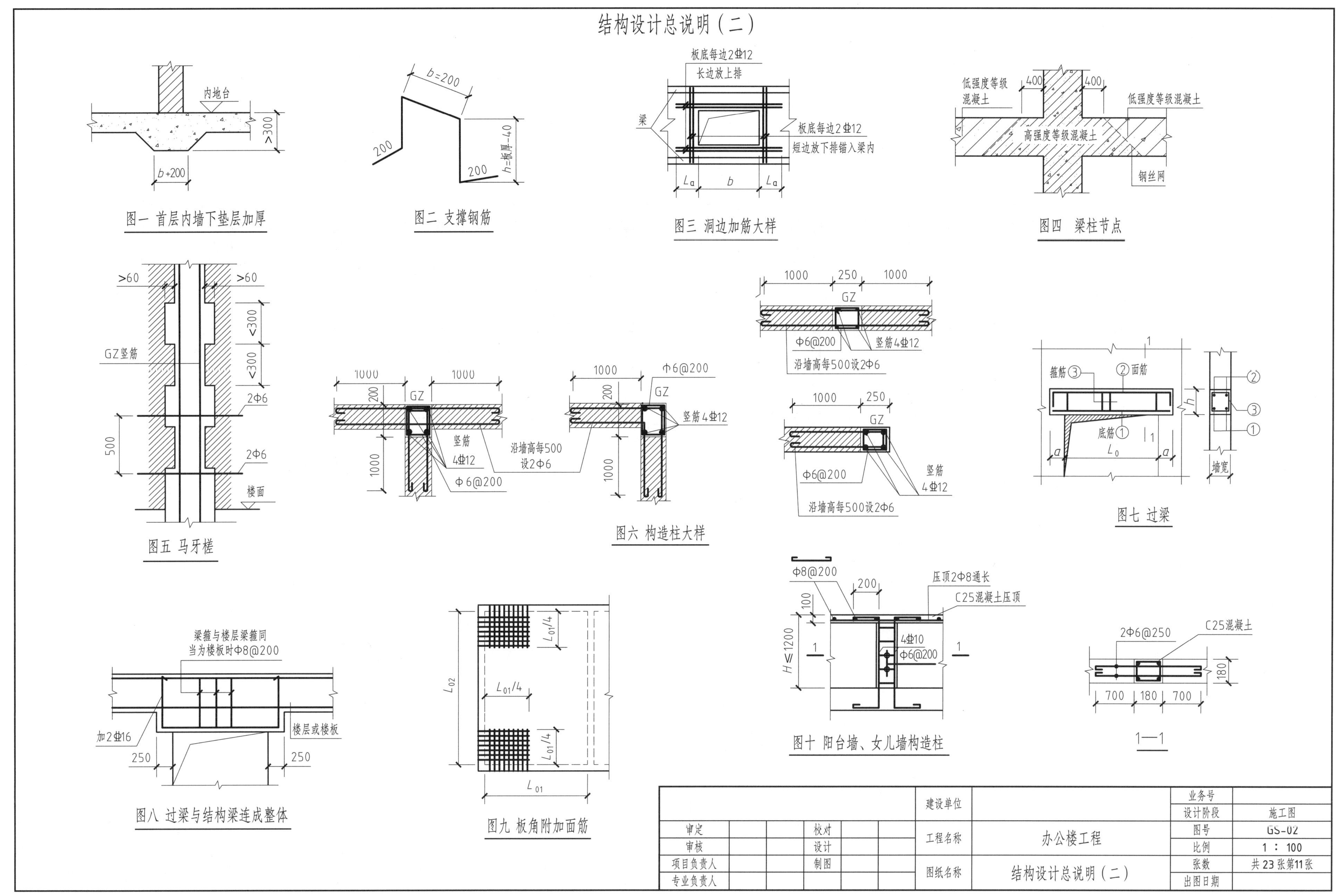

				建设单位		业务号	
						设计阶段	施工图
审定		校对		工程名称	办公楼工程	图号	GS-02
审核		设计				比例	1 ： 100
项目负责人		制图		图纸名称	结构设计总说明（二）	张数	共23张第11张
专业负责人						出图日期	

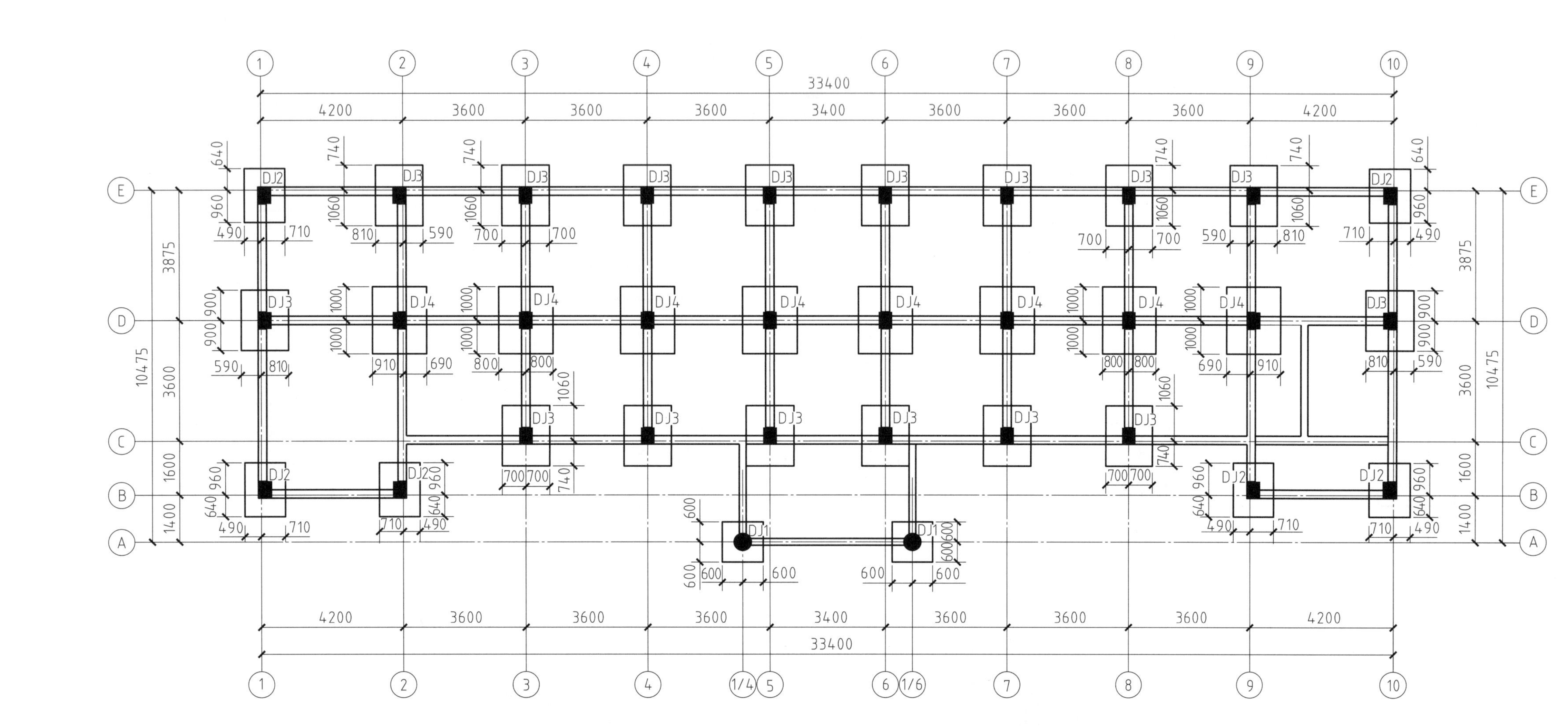

基础平面图 1：100

						建设单位		业务号	
								设计阶段	施工图
审定			校对			工程名称	办公楼工程	图号	GS-03
审核			设计					比例	1 ： 100
项目负责人			制图			图纸名称	基础平面图	张数	共 23 张第12张
专业负责人								出图日期	

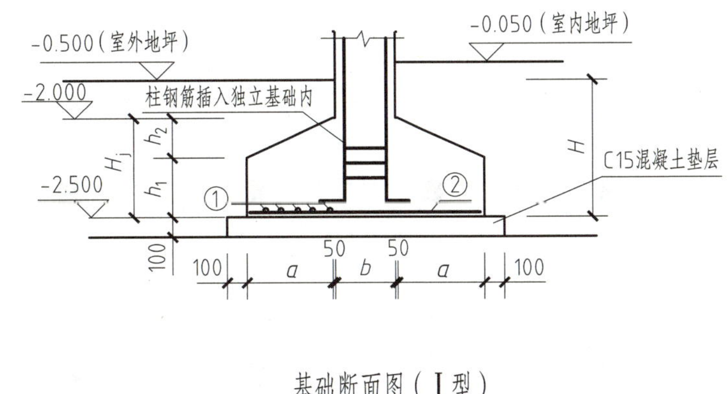

基础断面图（Ⅰ型）
（DJ_1~DJ_4）

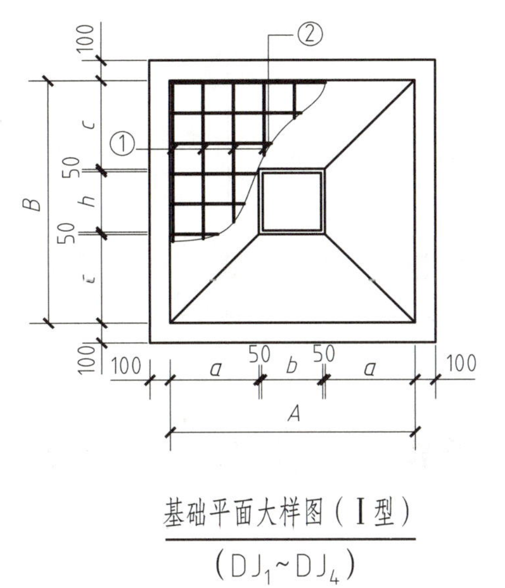

基础平面大样图（Ⅰ型）
（DJ_1~DJ_4）

基础截面尺寸及钢筋表

基础编号	类型	柱截面尺寸	基础平面尺寸				基础高度				基础钢筋	
			A	a	B	c	H	h_1	h_2	h_j	①号钢筋	②号钢筋
DJ1	Ⅰ	ϕ=500	1200		1200		2000	300	200	500	⌀14@120	⌀14@120
DJ2	Ⅰ	400×500	1200		1600		2000	300	200	500	⌀14@120	⌀14@120
DJ3	Ⅰ	400×500	1400		1800		2000	300	200	500	⌀14@120	⌀14@120
DJ4	Ⅰ	400×500	1600		2000		2000	300	200	500	⌀14@120	⌀14@120

							建设单位		业务号	
									设计阶段	施工图
审定			校对				工程名称	办公楼工程	图号	GS-04
审核			设计						比例	1 ： 100
项目负责人			制图				图纸名称	基础断面图、基础平面大样图	张数	共23张第13张
专业负责人									出图日期	

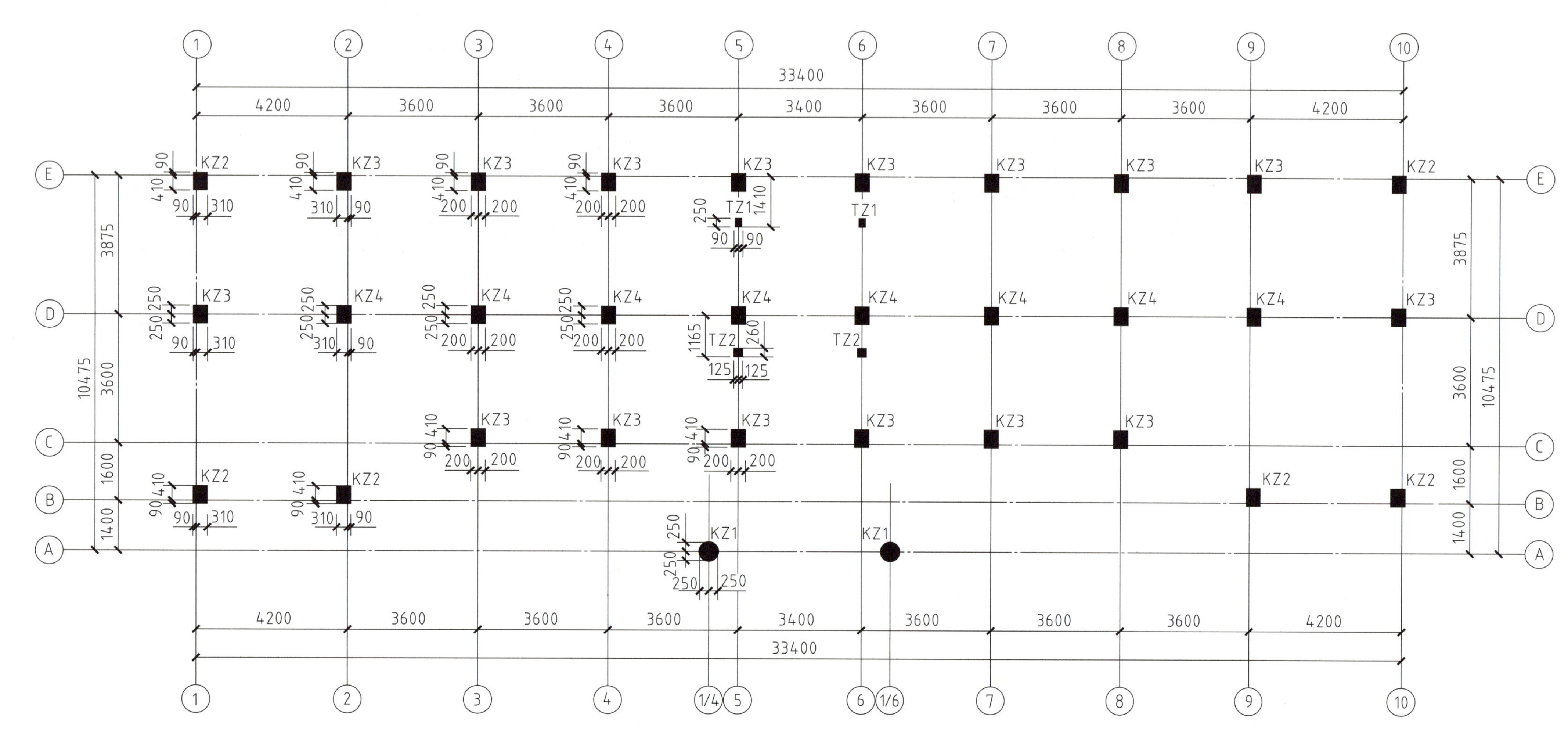

柱平法施工图 1：100

					建设单位		业务号	
							设计阶段	施工图
审定			校对		工程名称	办公楼工程	图号	GS-05
审核			设计				比例	1 ： 100
项目负责人			制图		图纸名称	柱平法施工图	张数	共23张第14张
专业负责人							出图日期	

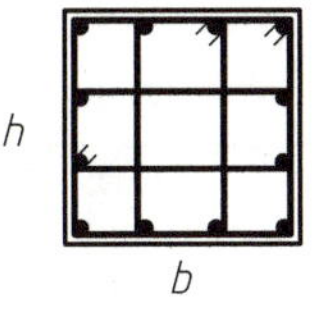

箍筋类型1($m\times n$)

箍筋类型4(圆形箍筋)

-2.000~9.650柱表

柱号	标高	b×h(圆柱直径D)	全部纵筋	角筋	b边一侧中部筋	h边一侧中部筋	箍筋类型号	箍筋	备注
KZ1	-2.000~3.400	500	8⌀16				4	Φ8@100/200	钢筋构造要求按22G101—1执行
KZ2	-2.000~9.650	400×500		4⌀16	1⌀16	1⌀16	1(3×3)	Φ8@100/200	
KZ3	-2.000~9.650	400×500		4⌀18	1⌀16	1⌀18	1(3×3)	Φ8@100/200	
KZ4	-2.000~9.650	400×500		4⌀20	1⌀18	1⌀20	1(3×3)	Φ8@100/200	
TZ1	-1.400~1.800 3.450~5.050	180×250	4⌀16				1(2×2)	Φ8@150	
TZ2	-1.400~-0.050	250×260	4⌀16				1(2×2)	Φ8@150	

				建设单位		业务号	
						设计阶段	施工图
审定		校对		工程名称	办公楼工程	图号	GS-06
审核		设计				比例	1 : 100
项目负责人		制图		图纸名称	-2.000~9.650柱表	张数	共23张第15张
专业负责人						出图日期	

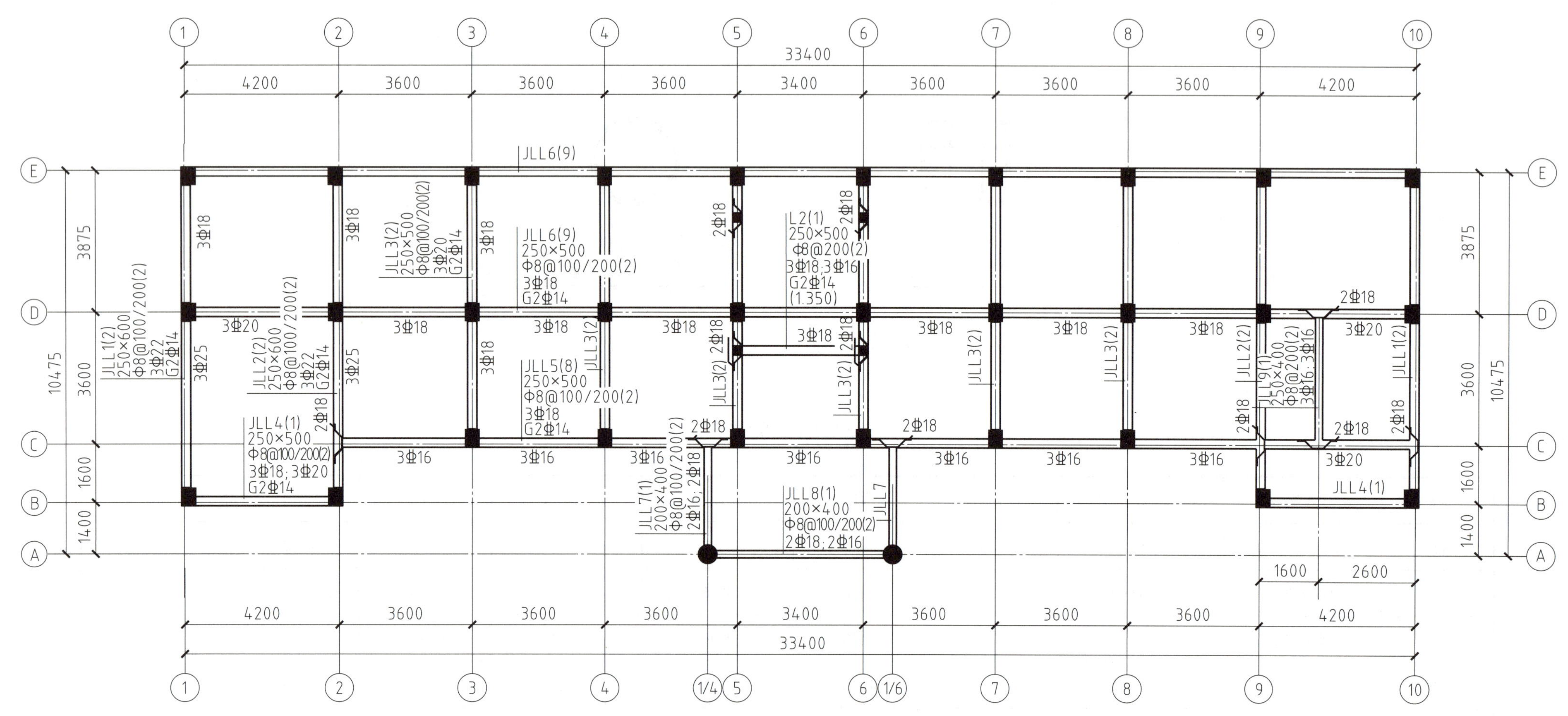

-1.400基础梁平法施工图 1：100

梁配筋说明：

1. 所有主次梁相交与集中重处均加设吊筋和附加箍筋，其中附加箍筋为6Φ8 mm，吊筋在图上注明。
2. 基础梁面标高为-1.400 m，基础梁下设100 mm厚C15混凝土垫层，垫层宽出基础梁面100 mm。

						建设单位		业务号	
								设计阶段	施工图
审定			校对			工程名称	办公楼工程	图号	GS-07
审核			设计					比例	1 ： 100
项目负责人			制图			图纸名称	-1.400 基础梁平法施工图	张数	共23张第16张
专业负责人								出图日期	

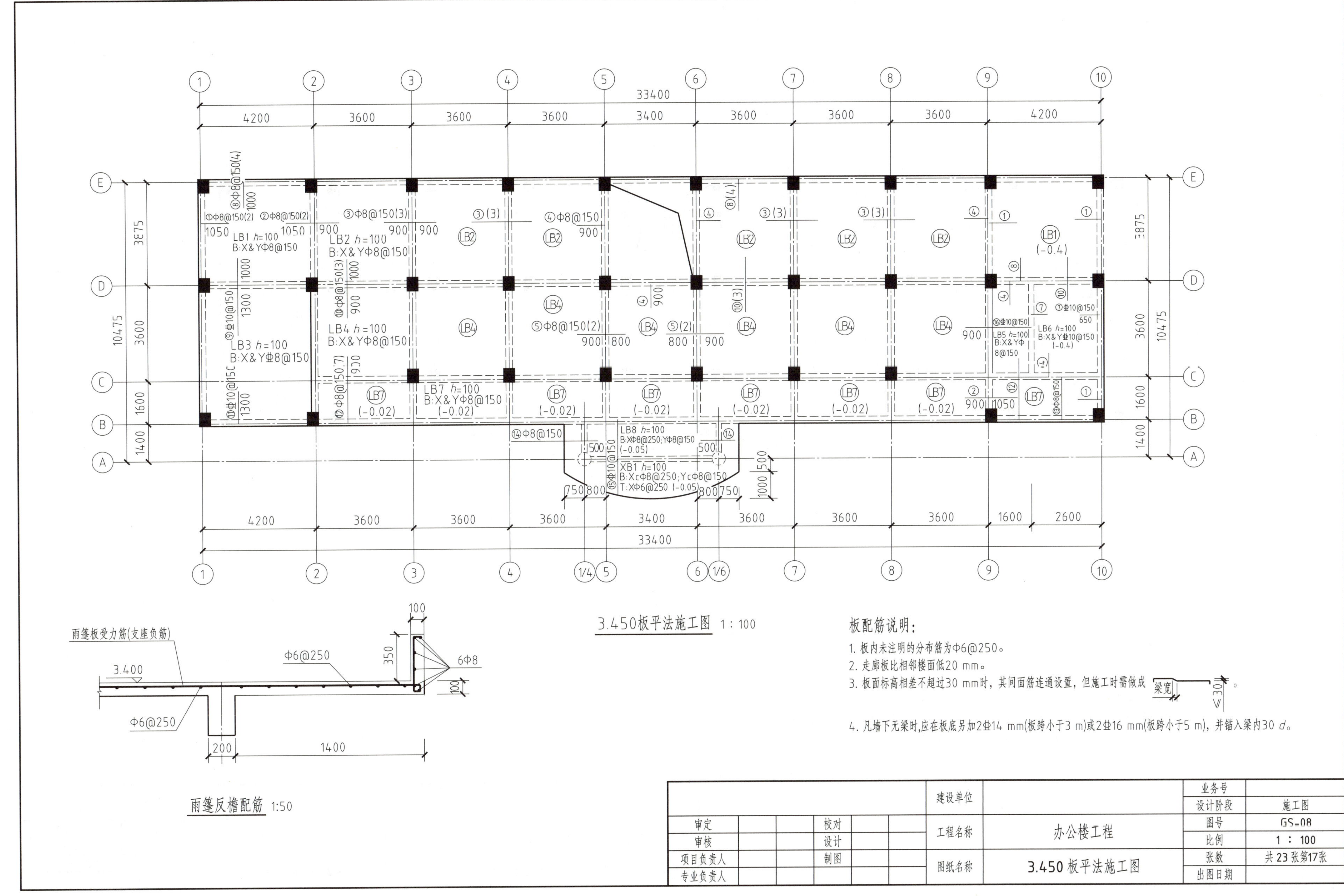
3.450板平法施工图 1：100
雨篷反檐配筋 1:50
雨篷板受力筋(支座负筋)
3.400
Φ6@250
6Φ8
板配筋说明：
1. 板内未注明的分布筋为Φ6@250。
2. 走廊板比相邻楼面低20 mm。
3. 板面标高相差不超过30 mm时，其间面筋连通设置，但施工时需做成 梁宽 ≤30 。
4. 凡墙下无梁时,应在板底另加2⌀14 mm(板跨小于3 m)或2⌀16 mm(板跨小于5 m)，并锚入梁内30 d。
LB1 h=100 B:X&YΦ8@150
LB2 h=100 B:X&YΦ8@150
LB3 h=100 B:X&Y⌀8@150
LB4 h=100 B:X&YΦ8@150
LB7 h=100 B:X&YΦ8@150
LB8 h=100 B:XΦ8@250;YΦ8@150 (-0.05)
XB1 h=100 B:XcΦ8@250;YcΦ8@150 T:XΦ6@250 (-0.05)
33400
建设单位
审定
审核
项目负责人
专业负责人
校对
设计
制图
工程名称
办公楼工程
图纸名称
3.450 板平法施工图
业务号
设计阶段
施工图
图号
GS-08
比例
1 ： 100
张数
共23张第17张
出图日期

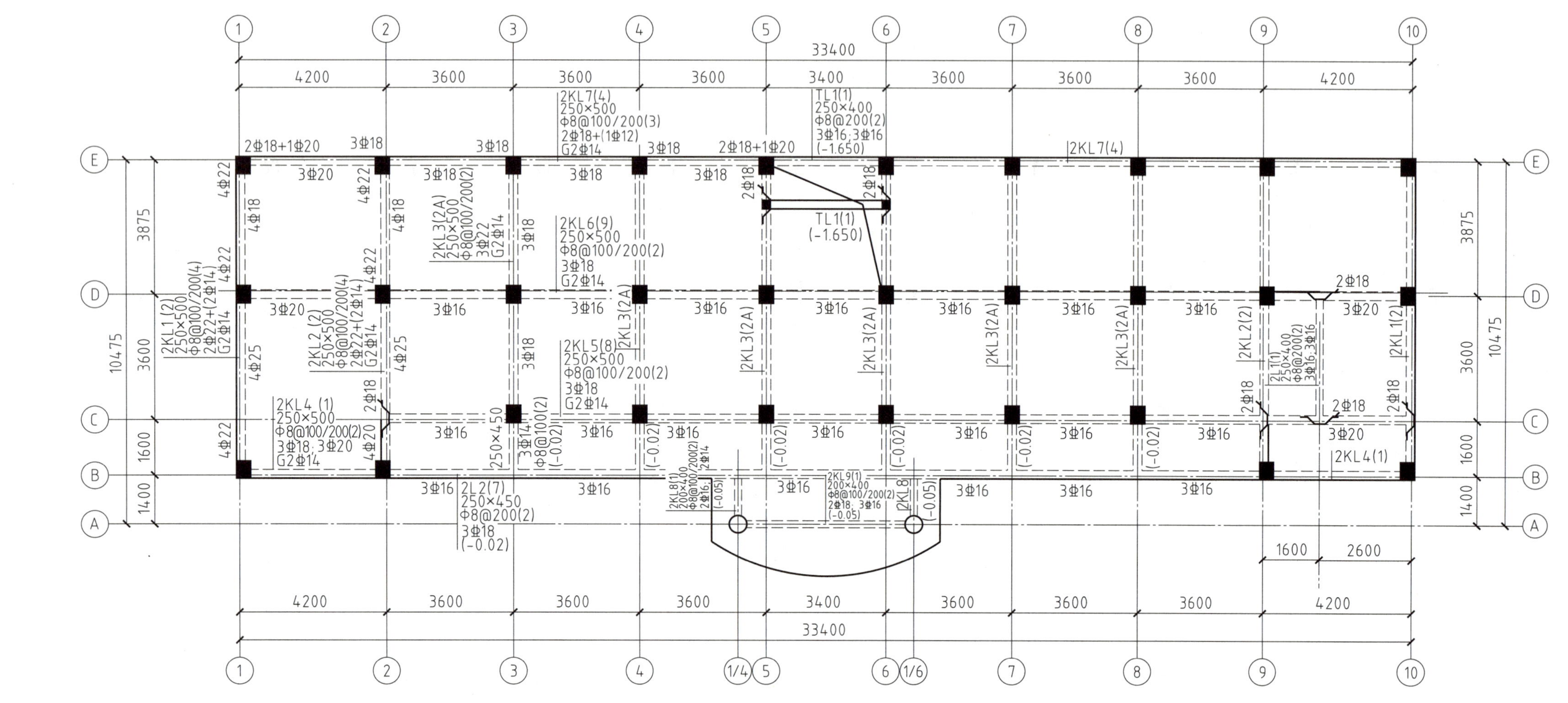

3.450梁平法施工图 1∶100

梁配筋说明：

1. 所有主次梁相交与集中重处均加设吊筋和附加箍筋，其中附加箍筋为6Φ8 mm，吊筋在图上注明。
2. 楼层结构板面和梁顶标高为H-0.05，其中H为楼面建筑标高。

					建设单位		业务号	
							设计阶段	施工图
审定			校对		工程名称	办公楼工程	图号	GS-09
审核			设计				比例	1 ∶ 100
项目负责人			制图		图纸名称	3.450 梁平法施工图	张数	共23张第18张
专业负责人							出图日期	

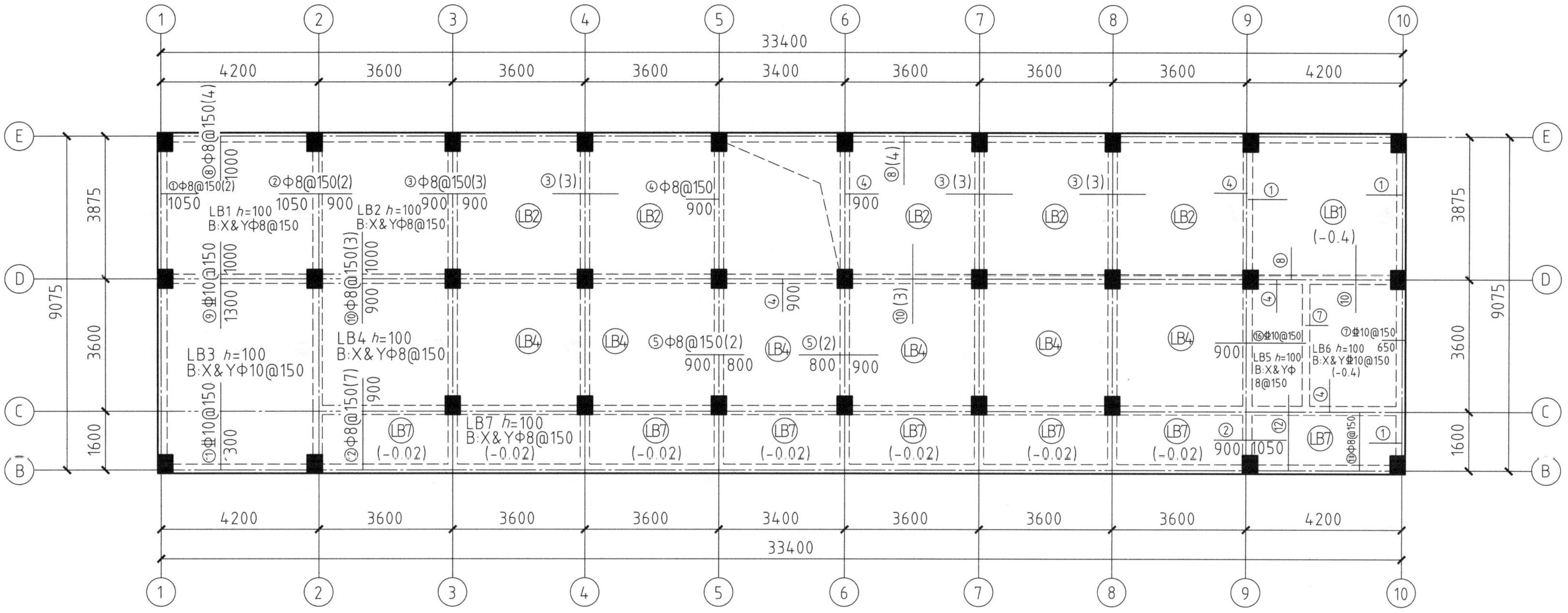

6.650板平法施工图 1 : 100

板配筋说明：

1. 板内未注明的分布筋为Φ6@250。
2. 走廊板比相邻楼面低20 mm。
3. 板面标高相差不超过30 mm时，其间面筋连通设置，但施工时需做成 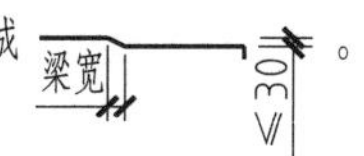 。

4. 凡墙下无梁时，应在板底另加2⏀14 mm（板跨小于3 m）或2⏀16 mm（板跨小于5 m），并锚入梁内30 d。

					建设单位		业务号	
							设计阶段	施工图
审定			校对		工程名称	办公楼工程	图号	GS-10
审核			设计				比例	1 : 100
项目负责人			制图		图纸名称	6.650 板平法施工图	张数	共23张第19张
专业负责人							出图日期	

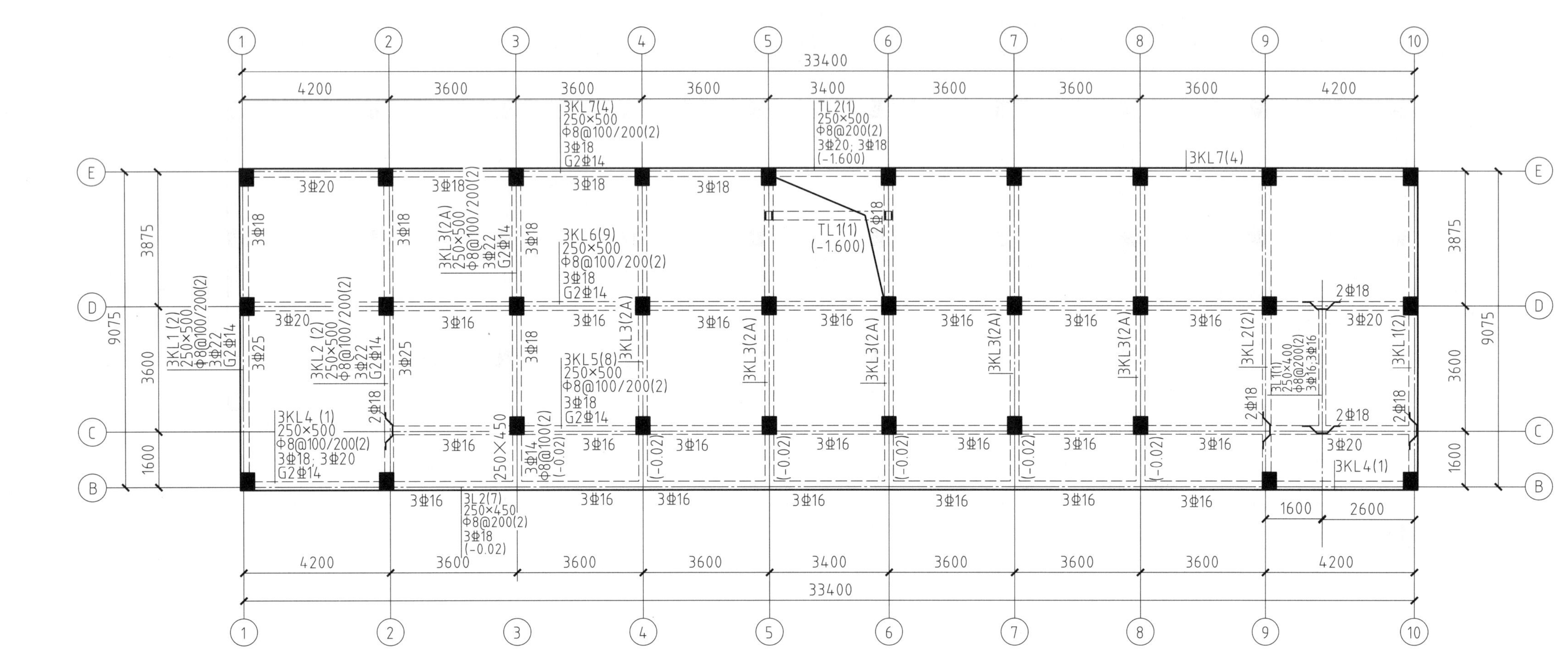

6.650梁平法施工图 1:100

梁配筋说明:

1. 所有主次梁相交与集中重处均加设吊筋和附加箍筋，其中附加箍筋为6Φ8 mm，吊筋在图上注明。
2. 楼层结构板面和梁顶标高为*H*-0.05，其中*H*为楼面建筑标高。

						建设单位		业务号	
								设计阶段	施工图
审定			校对			工程名称	办公楼工程	图号	GS-11
审核			设计					比例	1 ： 100
项目负责人			制图			图纸名称	6.650 梁平法施工图	张数	共23张第20张
专业负责人								出图日期	

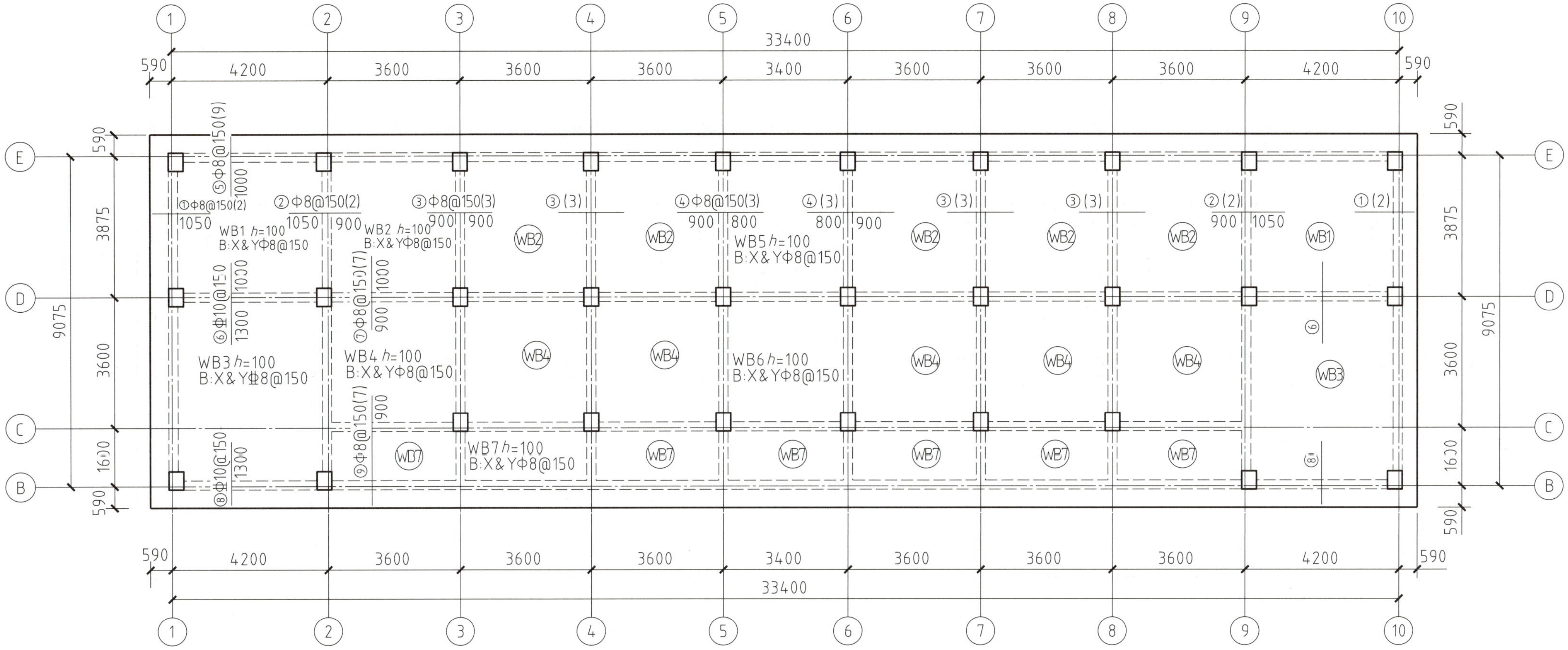

33400
590 4200 3600 3600 3600 3400 3600 3600 3600 4200 590

①Φ8@150(2) 1050
②Φ8@150(2) 1050 900
③Φ8@150(3) 900 900
③(3)
④Φ8@150(3) 900 800
④(3) 800 900
③(3)
③(3)
②(2) 900 1050
①(2)
⑤Φ8@150(9) 1000
⑥Φ10@150 1000 1300
⑦Φ8@150(7) 1000 900
⑦Φ8@150(7) 900
⑧Φ10@150 1300
⑨Φ8@150(7)

WB1 h=100 B:X&YΦ8@150
WB2 h=100 B:X&YΦ8@150
WB3 h=100 B:X&YΦ8@150
WB4 h=100 B:X&YΦ8@150
WB5 h=100 B:X&YΦ8@150
WB6 h=100 B:X&YΦ8@150
WB7 h=100 B:X&YΦ8@150

590 3875 3600 1630 590 9075

9.650板平法施工图 1：100

板配筋说明：

1. 板内未注明的分布筋为Φ6@250。
2. 板面标高相差不超过30 mm时，其间面筋连通设置，但施工时需做成 梁宽 ≤30 。
3. 凡墙下无梁时，应在板底另加2Φ14 mm（板跨小于3 m）或2Φ16 mm（板跨小于5 m），并锚入梁内30 d。
4. 天面板除按图中要求设置受力筋外，在板的未配筋表面另行设置双向Φ8@200抗温度筋，抗温度筋与支座负筋搭接或在周边构件中锚固。
5. 悬挑板面阳角处需按右图加强。

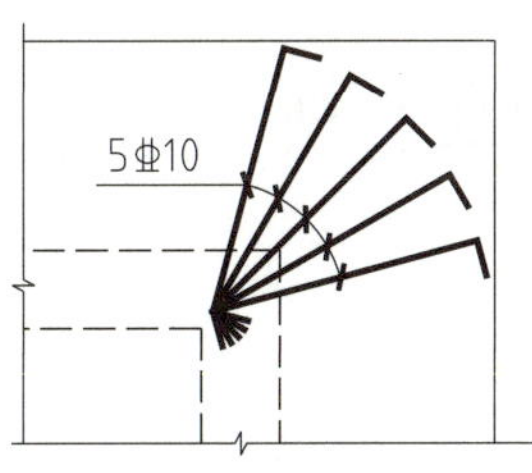

悬挑板阳角上部放射受力筋大样

					建设单位		业务号	
							设计阶段	施工图
审定			校对		工程名称	办公楼工程	图号	GS-12
审核			设计				比例	1 ： 100
项目负责人			制图		图纸名称	9.650 板平法施工图	张数	共23张第21张
专业负责人							出图日期	

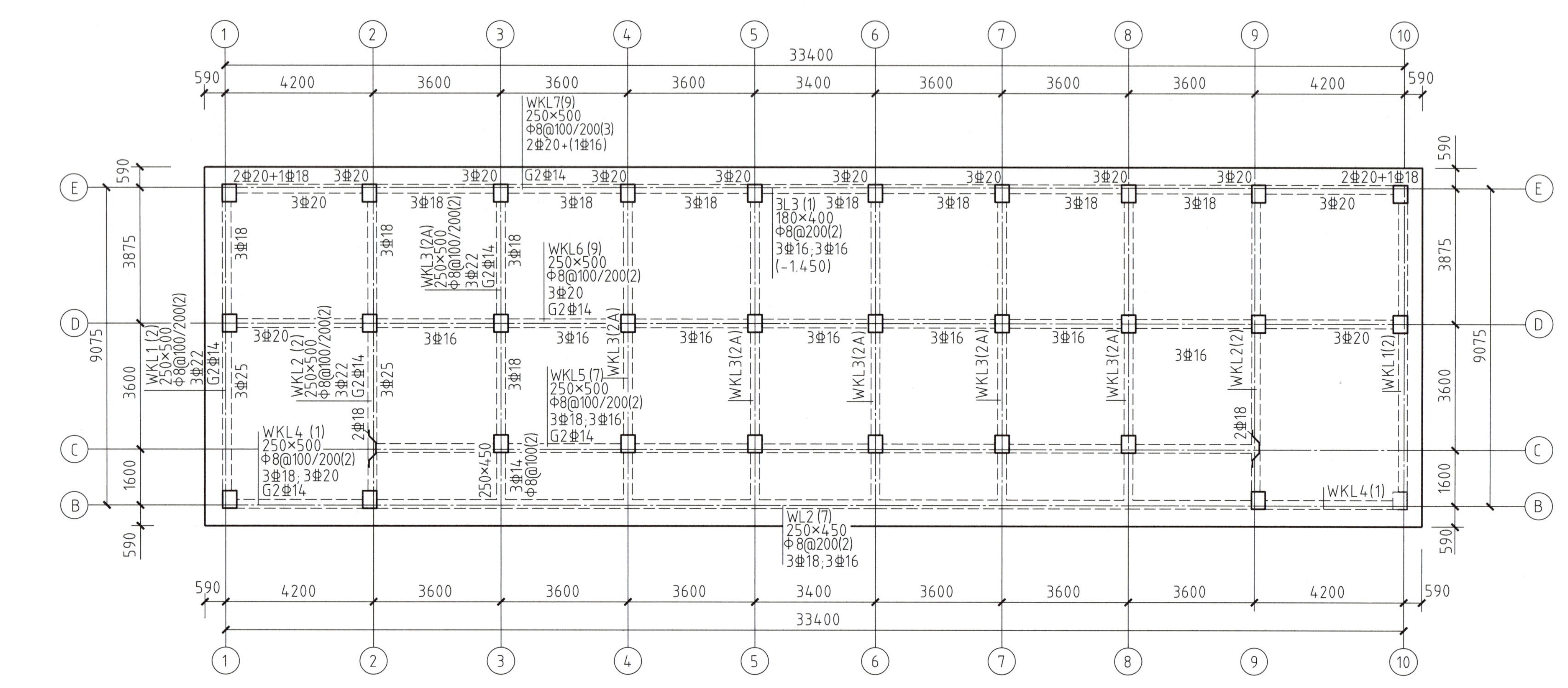

9.650梁平法施工图 1∶100

梁配筋说明：

1. 所有主次梁相交与集中重处均加设吊筋和附加箍筋，其中附加箍筋为6Φ8 mm，吊筋在图上注明。
2. 楼层结构板面和梁顶标高为*H*-0.05，其中*H*为楼面建筑标高。

						建设单位		业务号	
								设计阶段	施工图
审定			校对			工程名称	办公楼工程	图号	GS-13
审核			设计					比例	1 ∶ 100
项目负责人			制图			图纸名称	9.650 梁平法施工图	张数	共23张第22张
专业负责人								出图日期	

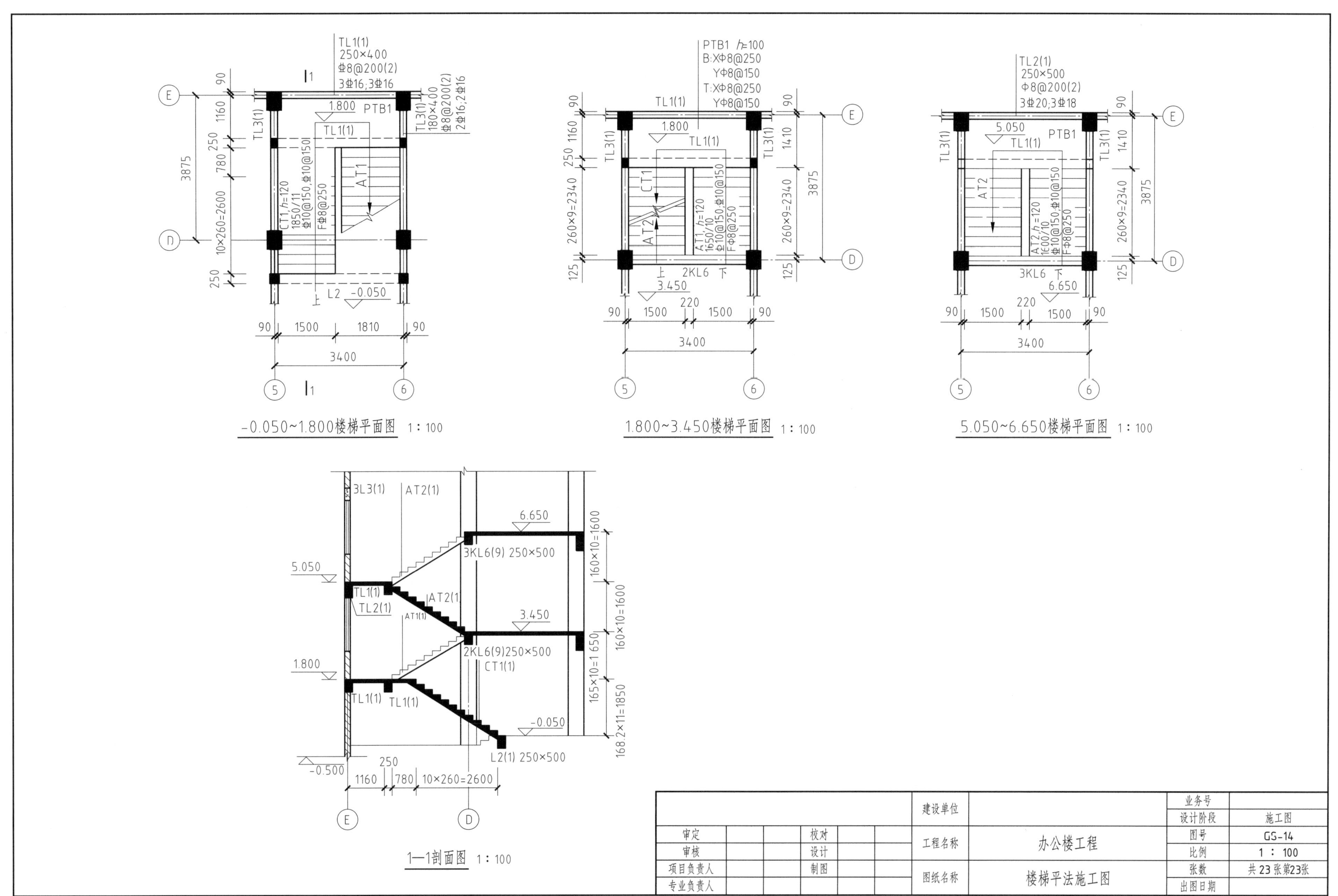

					建设单位		业务号	
							设计阶段	施工图
审定			校对		工程名称	办公楼工程	图号	GS-14
审核			设计				比例	1 ： 100
项目负责人			制图		图纸名称	楼梯平法施工图	张数	共23张第23张
专业负责人							出图日期	

2 号宿舍楼工程

“2 号宿舍楼工程”说明及要求

一、说明

1．本图纸为 2 号宿舍楼工程的施工图纸，五层框架结构，层高为首层 4.0 m、二 ~ 五层 3.6 m，主体建筑高度（外地坪至檐口板面）为 18.6 m，高强预应力管桩基础、灰砂砖墙。

2．本工程造价依据以下规范（文件）编制：国家计量与计价相关规范（《房屋建筑与装饰工程工程量计算规范》（GB 50854—2013）、《建设工程工程量清单计价规范》（GB 50500—2013）、国家建筑标准设计图集（22G101 系列图集）等规范，以及地方建筑与装饰工程定额、地方计费程序和价格文件。

3．本工程可根据实际教学情况使用相应的算量与计价软件，参考使用软件为广联达 BIM 土建计量平台（GTJ2021）、广联达云计价平台（GCCP6.0）等。

4．本工程基础土方为二类土，交付场地标高为设计外地坪标高，余土外运距离为 20 km，挖土机挖土。

5．本工程混凝土采用预拌普通泵送混凝土。

6．本工程计算措施项目的大型机械设备进出场及安拆费用时，考虑一台静力压桩机（压力 1 200 kN）的费用，其他的工程造价费用及税金的计算按当地定额及相关文件执行。

二、要求

试根据以上说明，完成以下技能训练任务：

1．计算该工程的建筑面积。

2．计算该工程建筑工程的分部分项工程及措施项目清单工程量，并编制该工程建筑工程的分部分项工程及措施项目清单。

3．计算该工程建筑工程的分部分项工程及措施项目定额工程量，进行工程量清单综合单价分析，并根据实际情况编制该工程项目单位工程招标控制价。

以上计算过程所用表格见附录 2。

工程设计图纸目录

工程名称 2号宿舍楼工程　　　　　　　　出图日期　年　月　日

目录							
建筑				结构			
序号	图号	图名	页次	序号	图号	图名	页次
1	JS-01	建筑设计总说明	第1页	8	GS-01	结构设计总说明（一）	第8页
2	JS-02	首层平面图	第2页	9	GS-02	结构设计总说明（二）	第9页
3	JS-03	二、五层平面图	第3页	10	GS-03	基础平面图	第10页
4	JS-04	屋顶平面图	第4页	11	GS-04	桩承台配筋构造大样图	第11页
5	JS-05	Ⓐ-Ⓢ立面图、Ⓢ-Ⓐ立面图	第5页	12	GS-05	柱表	第12页
6	JS-06	1—1剖面图、①-④立面图、④-①立面图、门窗表	第6页	13	GS-06	基础梁平法施工图	第13页
7	JS-07	大样图	第7页	14	GS-07	二层梁平法施工图	第14页
				15	GS-08	三、五层梁平法施工图	第15页
				16	GS-09	顶层梁平法施工图	第16页
				17	GS-10	二层板平法施工图	第17页
				18	GS-11	三、五层板平法施工图	第18页
				19	GS-12	顶层板平法施工图	第19页
				20	GS-13	梯屋顶梁板平法施工图、楼梯平法施工图（一）	第20页
				21	GS-14	楼梯平法施工图（二）	第21页

建筑设计总说明

项目	各部分构造做法
一般说明	(1) 本工程设计图纸所注总平面尺寸及标高均以米(m)为单位，其余均以毫米(mm)为单位。 (2) 本工程施工时，空调管洞、排气扇洞口及抽油烟机洞口位置由甲方现场确定。 (3) 凡各层平面剖面及大样所注楼地面标高有括号者为结构面标高，无括号者为建筑完成面标高。 (4) 凡给排水、电气、空调、动力等设备管道，如果穿过钢筋混凝土板、预留构件、墙身，均须预留孔洞或预埋，不宜临时开凿，并密切配合各工种图纸施工，遇有问题请会同设计人员共同商量解决，不得任意变更。 (5) 凡装修工程材料选用及做法均须符合设计要求(必要时做样板)，未经设计人员同意，不得任意变更。 (6) 凡图纸及本说明未详之处，均严格按国家有关现行规范、规程、规定执行。
墙基防潮	所有墙身在位于室内地面 -0.06 m 处做 20 mm 厚 1∶2 水泥防水砂浆防潮层。
屋面	结构层：现浇钢筋混凝土板。 防水层： (1) 现浇钢筋混凝土板面纵横各扫纯水泥浆一道。 (2) 20 mm 厚 1∶2.5 水泥砂浆找平。 (3) 刷基层处理剂一遍。 (4) 1.5 mm 厚聚氨酯防水涂料(上翻 300 mm 高)。 (5) 3 mm 厚 SBS 改性沥青防水卷材(聚酯胎自粘满铺，上翻 300 mm 高)。 (6) 20 mm 厚 1∶2 水泥砂浆保护层。 隔热层(上人屋面)：面铺 40 mm 厚聚苯乙烯泡沫塑料板隔热层。
内地坪	回填土分层淋水夯实，每层夯实后厚度不大于 200 mm，面捣 C15 素混凝土 100 mm 厚。

项目	各部分构造做法
楼地面	结构层：现浇钢筋混凝土板。 装饰层： (1) 20 mm 厚 1∶2.5 水泥砂浆找平。 (2) 5 mm 厚 1∶2 水泥砂浆坐砌 500 mm×500 mm 耐磨砖面层(首层厨房、餐厅、宿舍及走廊)，5 mm 厚 1∶2 水泥砂浆坐砌 300 mm×300 mm 梯级砖面层(楼梯及台阶面)，纯水泥浆填缝。
厕所地面	(1) 20 mm 厚 1∶2.5 水泥砂浆找平。 (2) 1.5 mm 厚聚氨酯防水涂料(墙边上翻 300 mm)。 (3) 20 mm 厚 1∶2.5 水泥砂浆保护层。 (4) 1∶2 水泥砂浆粘贴 200 mm×200 mm 防滑砖，纯水泥膏擦缝。
墙面	外墙： (1) 1∶2 聚合物水泥砂浆打底 8 mm 厚。 (2) 1∶2.5 水泥防水砂浆 15 mm 厚。 (3) 纯水泥浆贴 195 mm×45 mm 外墙砖(外墙砖色泽见立面图)。 内墙： (1) 1∶1∶6 水泥石灰砂浆打底 15 mm 厚，1∶2 水泥砂浆铺面 5 mm 厚。 (2) 满刮腻子一遍。 (3) 刷乳胶漆一底两面。 厕所、浴室内墙： (1) 1∶2 水泥砂浆打底 15 mm 厚。 (2) 纯水泥浆贴 200 mm×300 mm 白瓷砖。 内墙踢脚线： (1) 1∶1∶6 水泥石灰砂浆打底 15 mm 厚。 (2) 1∶2 水泥砂浆 5 mm 厚粘贴 100 mm 高脚线砖，纯水泥膏擦缝。

项目	各部分构造做法
天棚面	(1) 1∶1∶6 水泥石灰砂浆打底 10 mm 厚，1∶2 水泥砂浆面层 5 mm 厚。 (2) 满刮腻子一遍。 (3) 刷乳胶漆一底两面。
油漆	(1) 木门窗刮腻子打底，刷浅黄色调和漆一遍，刷硝基清漆一底两面。 (2) 所有金属制品露明部分用防锈漆打底两道，刷调和漆两道；不露明部分作防锈处理后刷红丹(防锈漆)两道。
其他	(1) 各层平面图中，各门窗洞与墙边距离如未注明，均为 120 mm。 (2) 各层平面图中，厕所、浴室、阳台均比楼面低 20 mm。 (3) 厕所、浴室四周墙体下应做混凝土翻边 300 mm 高(门洞口除外)，宽度同墙宽。 (4) 本工程中有下列情况之一者均采用建筑安全玻璃： ①7 层以上(含 7 层)的建筑物外窗玻璃。 ②单块大于 1 m^2 的窗玻璃。 ③玻璃幕墙。 ④采光棚、雨篷、出入口通道上盖、天花板。 ⑤公共建筑。 ⑥朝内庭的窗及玻璃栏板(高度不小于 1 100 mm)。 ⑦临空的楼梯、走廊、阳台、平台等部位的玻璃栏板(高度不小于 1 100 mm)。 (5) 本工程选用的建筑安全玻璃： ▭钢化安全玻璃 ▭夹胶玻璃 ▱中空玻璃(由钢化或夹胶玻璃组合而成)

				建设单位		业务号	
						设计阶段	施工图
审定		校对		工程名称	2 号宿舍楼工程	图号	JS-01
审核		设计				比例	1 ∶ 100
项目负责人		制图		图纸名称	建筑设计总说明	张数	共 21 张第 1 张
专业负责人						出图日期	

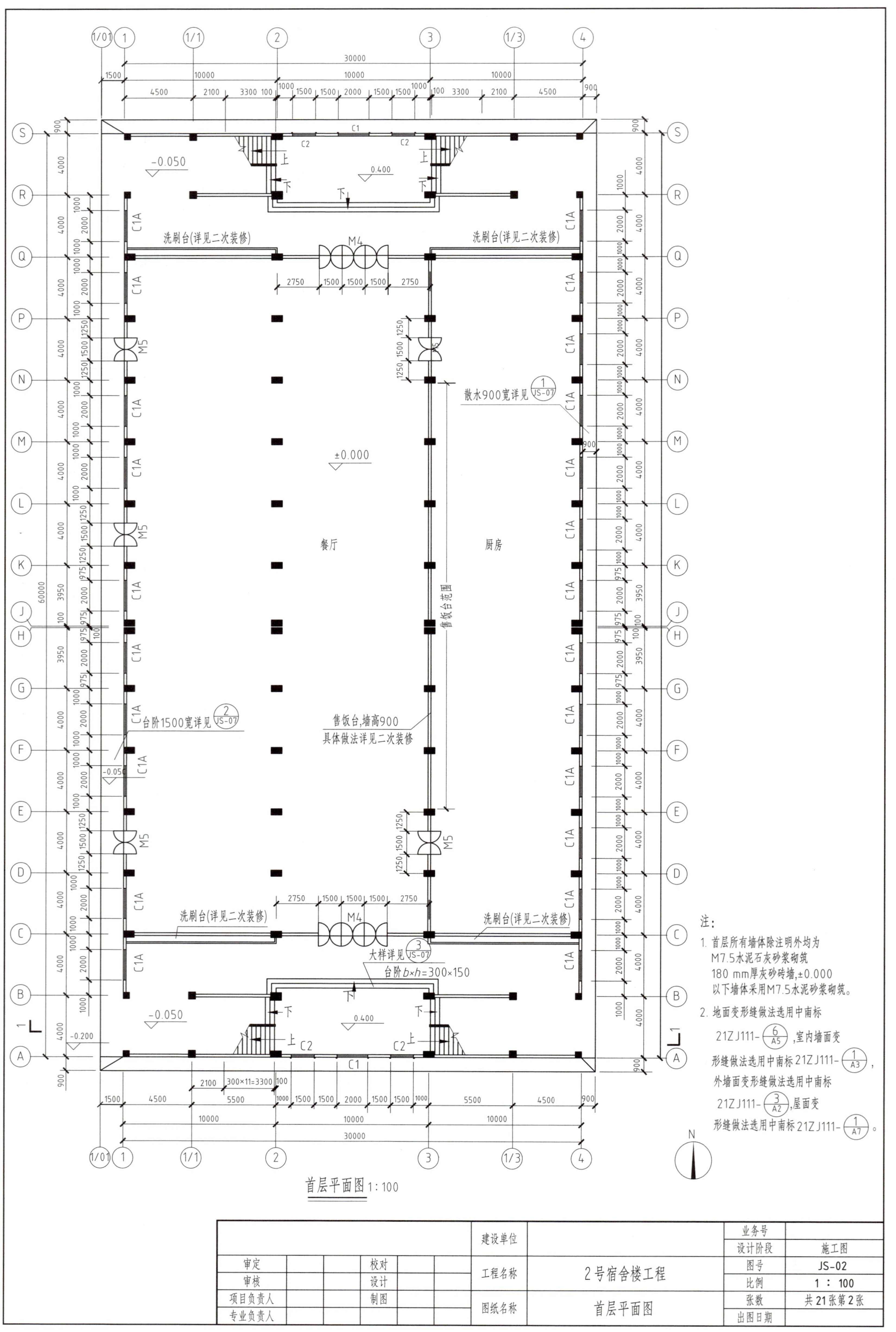

首层平面图 1:100

注：

1. 首层所有墙体除注明外均为M7.5水泥石灰砂浆砌筑180 mm厚灰砂砖墙,±0.000以下墙体采用M7.5水泥砂浆砌筑。
2. 地面变形缝做法选用中南标21ZJ111-6/A5,室内墙面变形缝做法选用中南标21ZJ111-1/A3,外墙面变形缝做法选用中南标21ZJ111-3/A2,屋面变形缝做法选用中南标21ZJ111-1/A7。

				建设单位		业务号	
审定		校对		工程名称	2号宿舍楼工程	设计阶段	施工图
审核		设计				图号	JS-02
项目负责人		制图		图纸名称	首层平面图	比例	1 : 100
专业负责人						张数	共21张第2张
						出图日期	

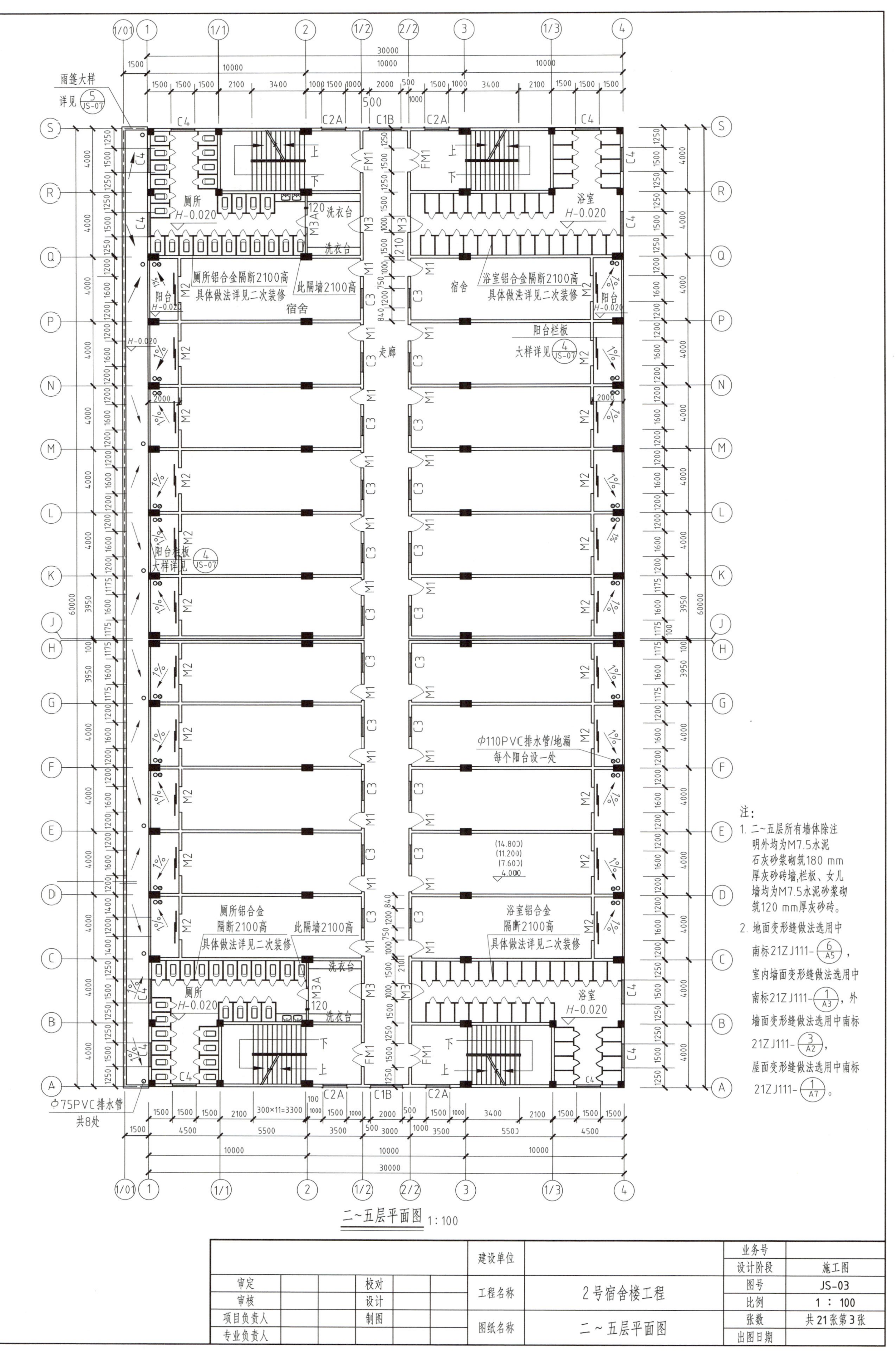

二～五层平面图 1:100

				建设单位		业务号	
						设计阶段	施工图
审定		校对		工程名称	2号宿舍楼工程	图号	JS-03
审核		设计				比例	1 : 100
项目负责人		制图		图纸名称	二～五层平面图	张数	共21张第3张
专业负责人						出图日期	

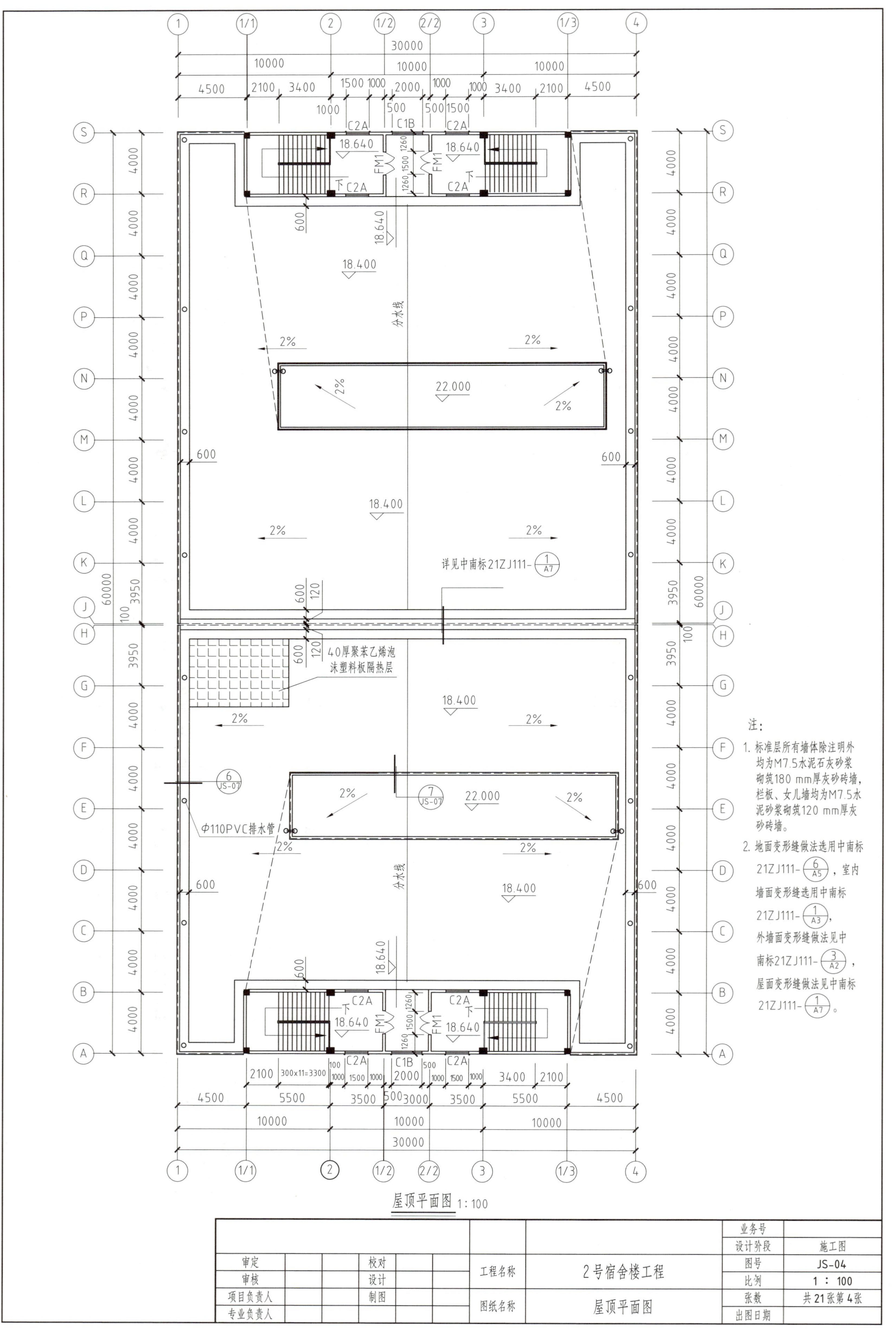
注:
1. 标准层所有墙体除注明外均为M7.5水泥石灰砂浆砌筑180 mm厚灰砂砖墙，栏板、女儿墙均为M7.5水泥砂浆砌筑120 mm厚灰砂砖墙。
2. 地面变形缝做法选用中南标21ZJ111-(6/A5)，室内墙面变形缝选用中南标21ZJ111-(1/A3)，外墙面变形缝做法见中南标21ZJ111-(3/A2)，屋面变形缝做法见中南标21ZJ111-(1/A7)。
详见中南标21ZJ111-(1/A7)
40厚聚苯乙烯泡沫塑料板隔热层
Φ110PVC排水管
分水线
22.000
18.400
18.640
2%
600
60000
30000
屋顶平面图 1:100
审定
审核
项目负责人
专业负责人
校对
设计
制图
工程名称
2号宿舍楼工程
图纸名称
屋顶平面图
业务号
设计阶段
施工图
图号
JS-04
比例
1 : 100
张数
共21张第4张
出图日期

白色外墙砖
灰色外墙砖
白色外墙砖
灰色外墙砖
300
2400
1200
3600
3600
3600
3600
3600
4000
22300
1300
1900
2100
1100
400
2600
1000
200
-0.200
60000
A
S
Ⓐ—Ⓢ立面图
Ⓢ—Ⓐ立面图
建设单位
工程名称
2号宿舍楼工程
图纸名称
Ⓐ-Ⓢ立面图、Ⓢ-Ⓐ立面图
审定
审核
项目负责人
专业负责人
校对
设计
制图
业务号
设计阶段
施工图
图号
JS-05
比例
1 ： 100
张数
共21张第5张
出图日期

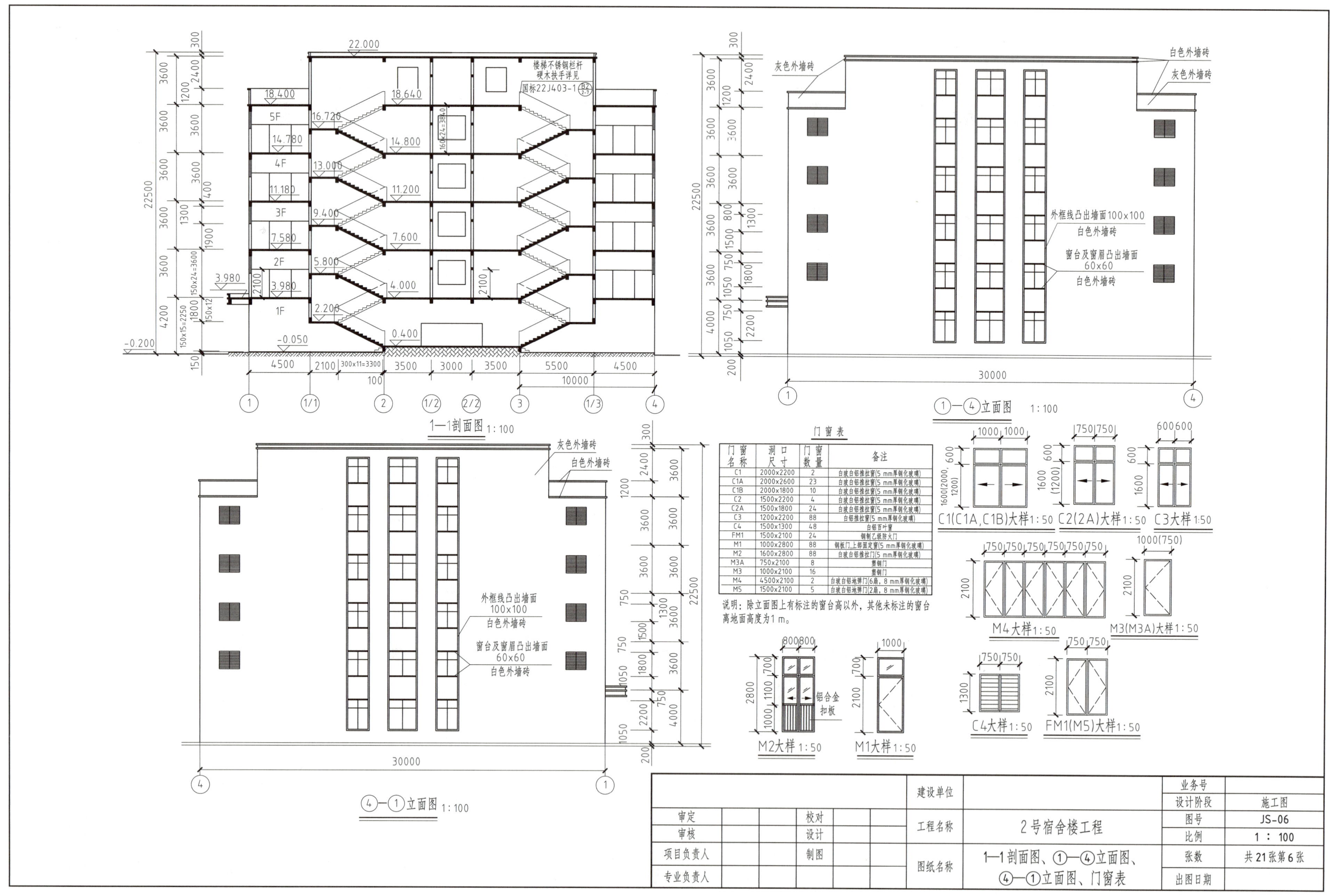

门窗表

门窗名称	洞口尺寸	门窗数量	备注
C1	2000x2200	2	白玻白铝推拉窗(5 mm厚钢化玻璃)
C1A	2000x2600	23	白玻白铝推拉窗(5 mm厚钢化玻璃)
C1B	2000x1800	10	白玻白铝推拉窗(5 mm厚钢化玻璃)
C2	1500x2200	4	白玻白铝推拉窗(5 mm厚钢化玻璃)
C2A	1500x1800	24	白玻白铝推拉窗(5 mm厚钢化玻璃)
C3	1200x2200	88	白铝推拉窗(5 mm厚钢化玻璃)
C4	1500x1300	48	白铝百叶窗
FM1	1500x2100	24	钢制乙级防火门
M1	1000x2800	88	钢板门,上部固定窗(5 mm厚钢化玻璃)
M2	1600x2800	88	白玻白铝推拉门(5 mm厚钢化玻璃)
M3A	750x2100	8	塑钢门
M3	1000x2100	16	塑钢门
M4	4500x2100	2	白玻白铝地弹门(6扇，8 mm厚钢化玻璃)
M5	1500x2100	5	白玻白铝地弹门(2扇，8 mm厚钢化玻璃)

说明：除立面图上有标注的窗台高以外，其他未标注的窗台离地面高度为1 m。

				建设单位		业务号	
						设计阶段	施工图
审定		校对		工程名称	2号宿舍楼工程	图号	JS-06
审核		设计				比例	1 ： 100
项目负责人		制图		图纸名称	1—1剖面图、①—④立面图、④—①立面图、门窗表	张数	共21张第6张
专业负责人						出图日期	

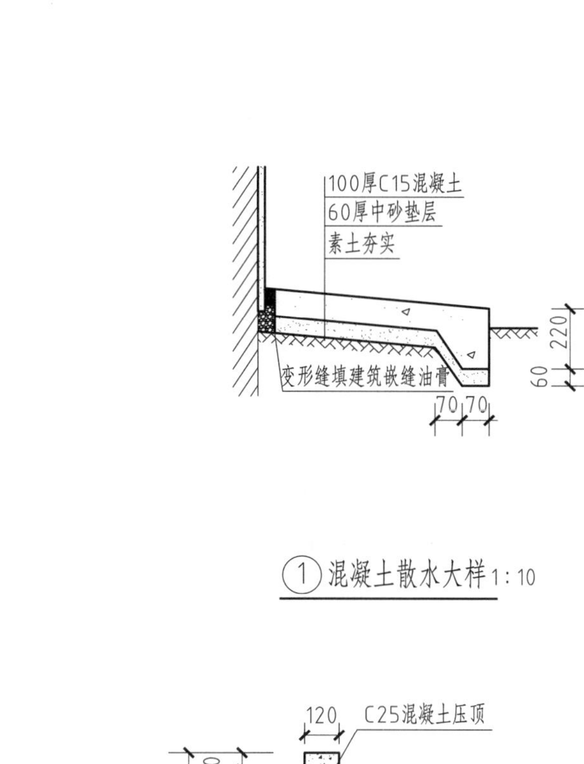

①混凝土散水大样 1:10

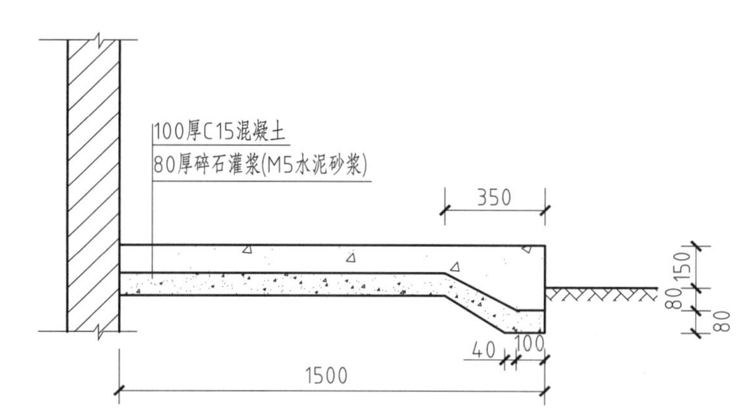

②一阶混凝土台阶大样 1:10

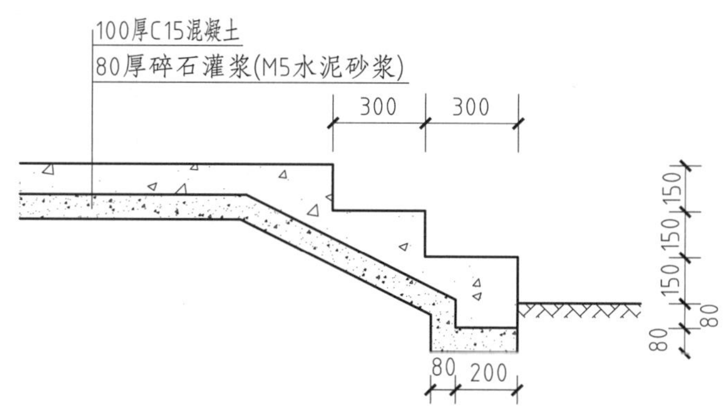

③三阶混凝土台阶大样 1:10

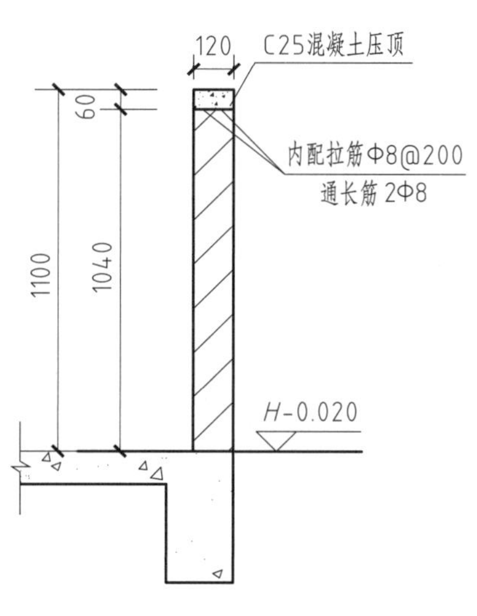

④阳台栏板大样 1:10

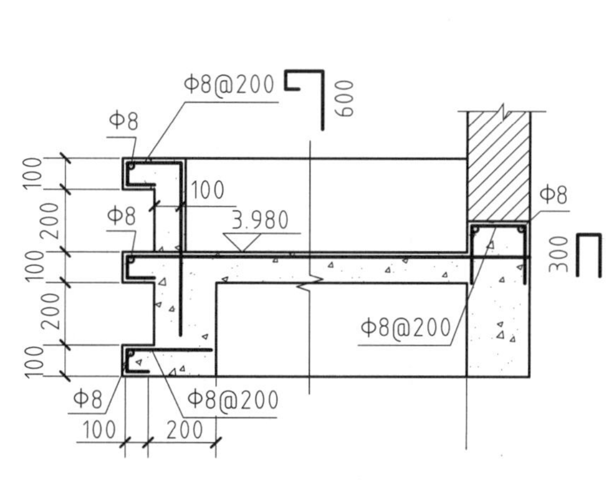

⑤雨篷大样 1:10

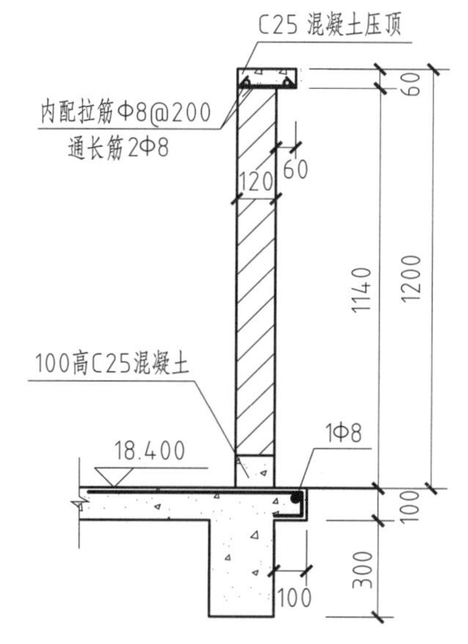

⑥女儿墙大样 1:10

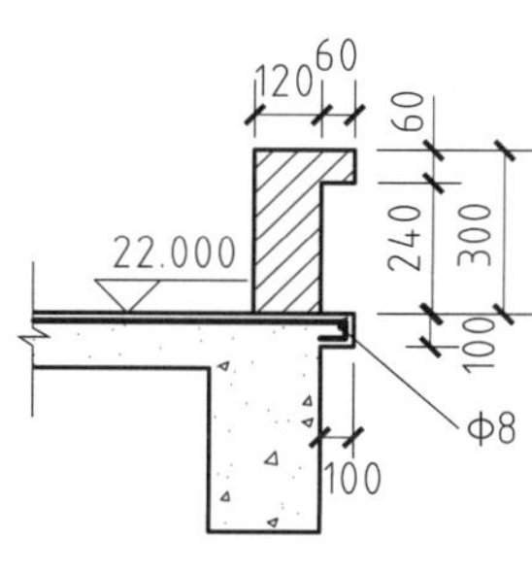

⑦梯顶挡水基 1:10

					建设单位		业务号	
							设计阶段	施工图
审定			校对		工程名称	2号宿舍楼工程	图号	JS-07
审核			设计				比例	1 ： 100
项目负责人			制图		图纸名称	大样图	张数	共21张第7张
专业负责人							出图日期	

结构设计总说明（一）

一、工程概况

1. 本说明及施工图纸中的计量单位除注明外，标高以米（m）为单位，其余以毫米（mm）为单位。本结构图所注标高为结构完成面标高，结构完成面标高为建筑标高减 50 mm。

2. 本工程的结构类型为框架结构，檐高为 18.6 m。其他设计指标见下表：

建筑物安全等级	建筑物重要性类别	地震设防烈度	建筑物场地类别	设计合理使用年限
二级	丙类	7 度	Ⅱ类	50 年

结构类型	结构体系	结构抗震等级	基本风压	地面粗糙度
钢筋混凝土	框架	三级	0.50 kN/m^2	B 类

二、设计主要依据和资料

1. 施工图阶段建筑、设备专业人员提供的有关图纸和资料。

2. 广东省地质建设工程勘察院提供的本工程的工程场地勘察报告。

3. 国家及广东省现行设计规范、规程：

（1）《混凝土结构设计规范（2015 版）》（GB 50010—2010）。

（2）《建筑抗震设计规范（2016 版）》（GB 50011—2010）

（3）国家建筑标准设计图集《混凝土结构施工图平面整体表示方法制图规则和构造详图》，包括 22G101—1、22G101—2、22G101—3。

三、地基基础部分

1. 本工程基础为高强混凝土管桩，单桩承载力特征值为 1 000 kN，持力层为中分化岩层。

2. 内地坪以下墙体使用 MU20 灰砂砖、M7.5 水泥砂浆砌筑。

3. 基础、承台浇灌完毕后，及时回填土并按规定分层压实，压实系数 λ>0.91，回填土不得采用杂填土及生活垃圾。

四、钢筋混凝土

1. 结构材料采用 HPB300（Φ）、HRB400（Φ）热轧钢筋。

2. 现浇结构的钢筋锚固长度和搭接长度及柱、梁、板、楼梯及基础等钢筋混凝土结构构造详见 22G101—1、22G101—2、22G101—3。

3. 现浇结构各部件混凝土强度等级见下表：

构件 \ 部位 / 层高	基础层	一层	二、五层	梯顶层
层高		4.00 m	3.60 m	3.60 m
柱	C30	C30	C30	C30
梁、板、楼梯		C30	C30	C30
基础、基础梁	C30			

4. 主体屋顶层屋面板的所有阳角处，应在板 1/4 短跨范围内用双向面筋、底筋Φ 8@200 加强，此加强筋分别与图纸所标注的同方向板筋间隔放置，见图一。

5. 除注明者外，楼板受力钢筋的分布筋均为Φ8@200；对于板底钢筋，短跨方向筋放在下排。

6. 楼板支座面筋长度标注尺寸界线未注明时，面筋下方的标注数值为面筋自支座边线向跨内的伸出直段长度，见图二。

7. 除注明者外，楼面（屋面）板开洞时，当洞口边长（直径）≤ 300 mm 时，板内钢筋可以自行绕过；当 300 mm< 洞口边长（直径）≤ 1 000 mm 时，应在洞口边的板面及板底设置加强钢筋上下各 2Φ14 mm，见图三。

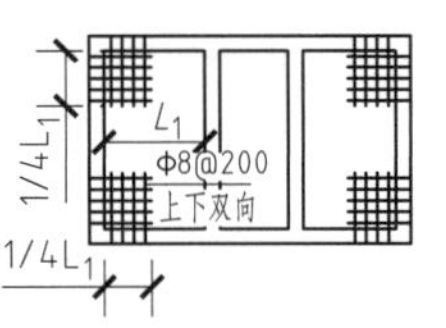

图一 楼板角部加强筋

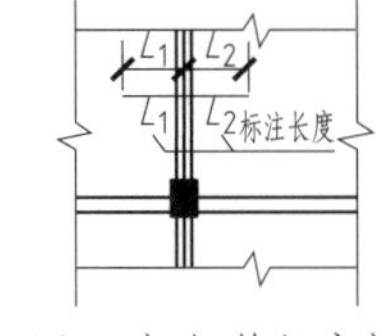

图二 板钢筋长度标注

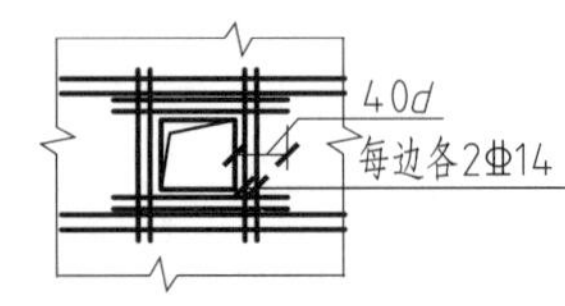

图三 板洞口加强钢筋

8. 当框架梁、柱混凝土强度等级相差超过 5 MPa时，节点区的混凝土强度等级应按其中较高级者施工。梁柱节点做法详见图四。

五、填充墙

1. 填充墙相关信息见下表：

位置	外墙、内墙	女儿墙
砌体材料	灰砂砖	灰砂砖
砌体强度等级	MU20	MU20
砂浆强度等级 砂浆材料	M7.5	M7.5
	水泥石灰砂浆	水泥石灰砂浆
墙厚	180 mm	120 mm
砌体允许容重	17 kN/m^3	17 kN/m^3

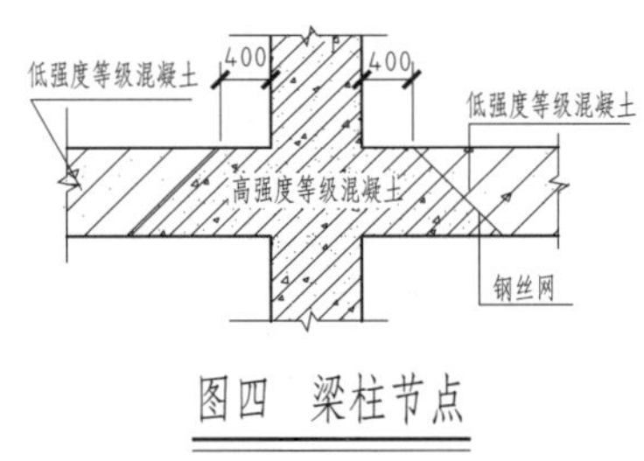

图四 梁柱节点

				建设单位		业务号	
						设计阶段	施工图
审定		校对		工程名称	2 号宿舍楼工程	图号	GS-01
审核		设计				比例	1 ： 100
项目负责人		制图		图纸名称	结构设计总说明（一）	张数	共 21 张第 8 张
专业负责人						出图日期	

结构设计总说明（二）

2. 当砌体墙的水平长度大于 5 m，或丁字墙、外墙转角墙、一字墙、宽度大于 2 m 的门洞端部没有钢筋混凝土墙柱时，应在墙中间或墙端部加设构造柱 GZ。构造柱的混凝土强度等级为 C25，竖筋为 4Φ12 mm，箍筋为Φ6@200，其柱脚及柱顶在主体结构中预埋 4Φ12 mm 竖筋，该竖筋伸出主体结构面 500 mm。施工时需先砌墙后浇柱，砌墙时墙与柱要砌成马牙槎（见图五），墙与柱沿墙高每隔 500 mm 设 2Φ6 mm 的拉结筋，埋入墙内 1000 mm，并与柱连接（见图六），拉结筋应在砌墙时预埋。

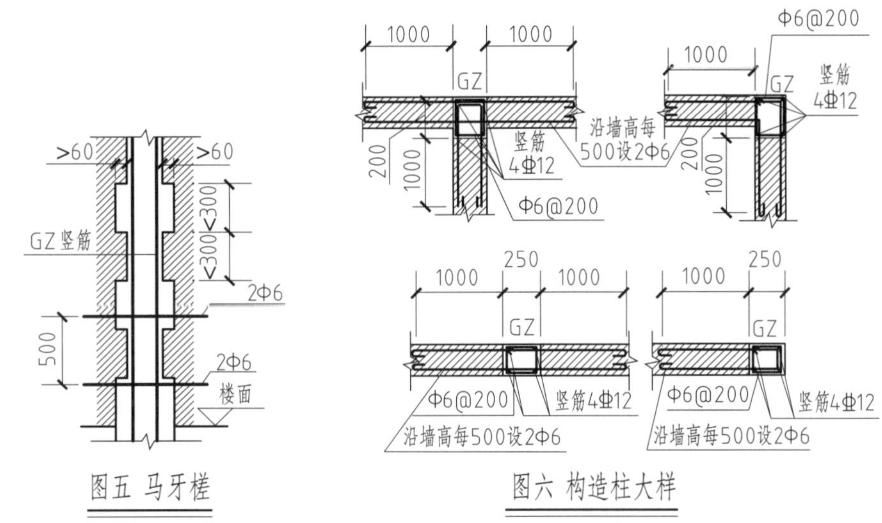

图五 马牙槎　　图六 构造柱大样

3. 钢筋混凝土框架柱与砌体用 2Φ6 钢筋拉结（拉结筋），拉结筋沿框架柱全高每隔 500 mm 设置，拉结筋伸入墙内长度如下：抗震设防烈度为 6、7 度时宜沿墙全长贯通，8、9 度时应沿墙全长贯通。

4. 高度大于 4 m、厚 180 mm 的砌体及高度大于 3 m、厚 120 mm 的砌体，应在墙半高处设置与柱连接的钢筋混凝土水平系梁，墙厚为 180 mm 时，梁截面为 180 mm×180 mm，纵筋为 4Φ12 mm，箍筋为Φ6@200；墙厚为 120 mm 时，梁截面为 120 mm×180 mm，纵筋为 4Φ12 mm，箍筋为Φ6@150；纵筋锚入柱内不少于 35d。水平系梁的混凝土强度等级为 C25。

5. 墙顶部斜砖必须逐块敲紧砌实，砂浆满填，且须待下部砌体沉实后（一般约 7 d），再砌顶部斜砖。

6. 砌体墙中的门窗洞及设备预留孔洞，其洞顶均需设钢筋混凝土过梁（见图七）。过梁钢筋混凝土强度等级为 C25。过梁尺寸及构造要求统一按以下规定：

（1）当洞宽为 1200 mm 以下时为板式过梁，梁宽同墙厚，梁高取 120 mm，两端伸入支座 250 mm；纵筋为 2Φ10 mm，箍筋为Φ8@200。

（2）当洞宽为 1200~1800 mm 时，梁宽同墙厚，梁高取 150 mm，两端伸入支座 250 mm；底筋为 2Φ12 mm，面筋为 2Φ10 mm，箍筋为Φ8@200。

（3）当洞宽为 1800~2400 mm 时，梁宽同墙厚，梁高取 180 mm，两端伸入支座 250 mm；底筋为 3Φ12 mm，面筋为 2Φ10 mm，箍筋为Φ8@150。

（4）当洞宽为 2400~3000 mm 时，梁宽同墙厚，梁高取 240 mm，两端伸入支座 350 mm；底筋为 3Φ14 mm，面筋为 2Φ10 mm，箍筋为Φ8@150。

（5）洞宽大于 3000 mm 时，梁宽同墙厚，梁高取 300 mm，两端伸入支座 350 mm；底筋为 3Φ16 mm，面筋为 2Φ14 mm，箍筋为Φ8@150。

（6）当洞顶与结构梁（板）底的距离小于过梁高度时，过梁须与结构梁（板）浇成整体（见图八）。

7. 屋面砌体女儿墙及阳台砌体栏板墙应每隔 4 m 设置构造柱，构造柱的混凝土强度等级为 C25，构造柱应与主体结构每隔 250 mm 设置 2Φ6 mm 拉结筋拉结，做法详见图九。

8. 砌体施工质量控制等级为 B 级。

9. 所有砌体砌筑砂浆和抹灰砂浆必须采用预拌砂浆。

六、其他

1. 本结构施工图应与建筑、设备施工图密切配合，及时铺设各类管线及套管，并核对留洞及预埋件的位置是否准确，避免日后打凿主体结构。待设备到货，经校核无误后，设备基础方可施工。

2. 凡下面有吊顶的混凝土板均须预留吊筋，做法详见有关建筑施工图。

3 楼梯栏杆与混凝土梁板的连接及其埋件，做法详见有关建筑施工图。

4. 配合电气防雷接地的要求，做好桩、底板、柱和筒体主筋的焊接，形成良好电气回路。

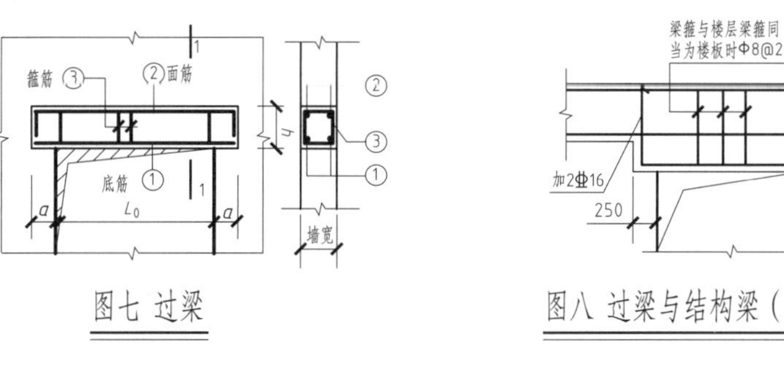

图七 过梁　　图八 过梁与结构梁（板）浇成整体

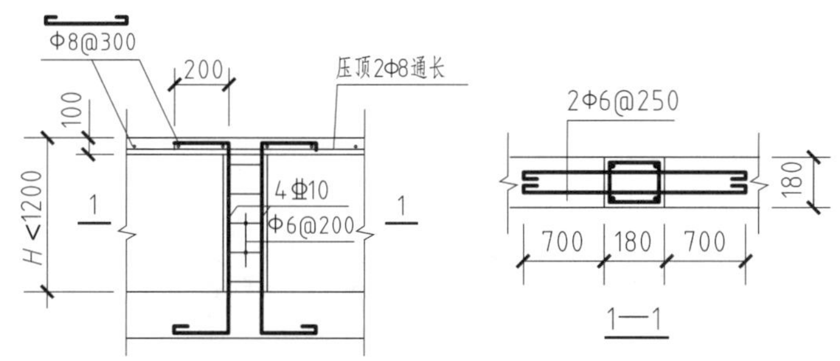

图九 女儿墙构造柱

				建设单位		业务号	
						设计阶段	施工图
审定			校对	工程名称	2 号宿舍楼工程	图号	GS-02
审核			设计			比例	1 ： 100
项目负责人			制图	图纸名称	结构设计总说明（二）	张数	共 21 张第 9 张
专业负责人						出图日期	

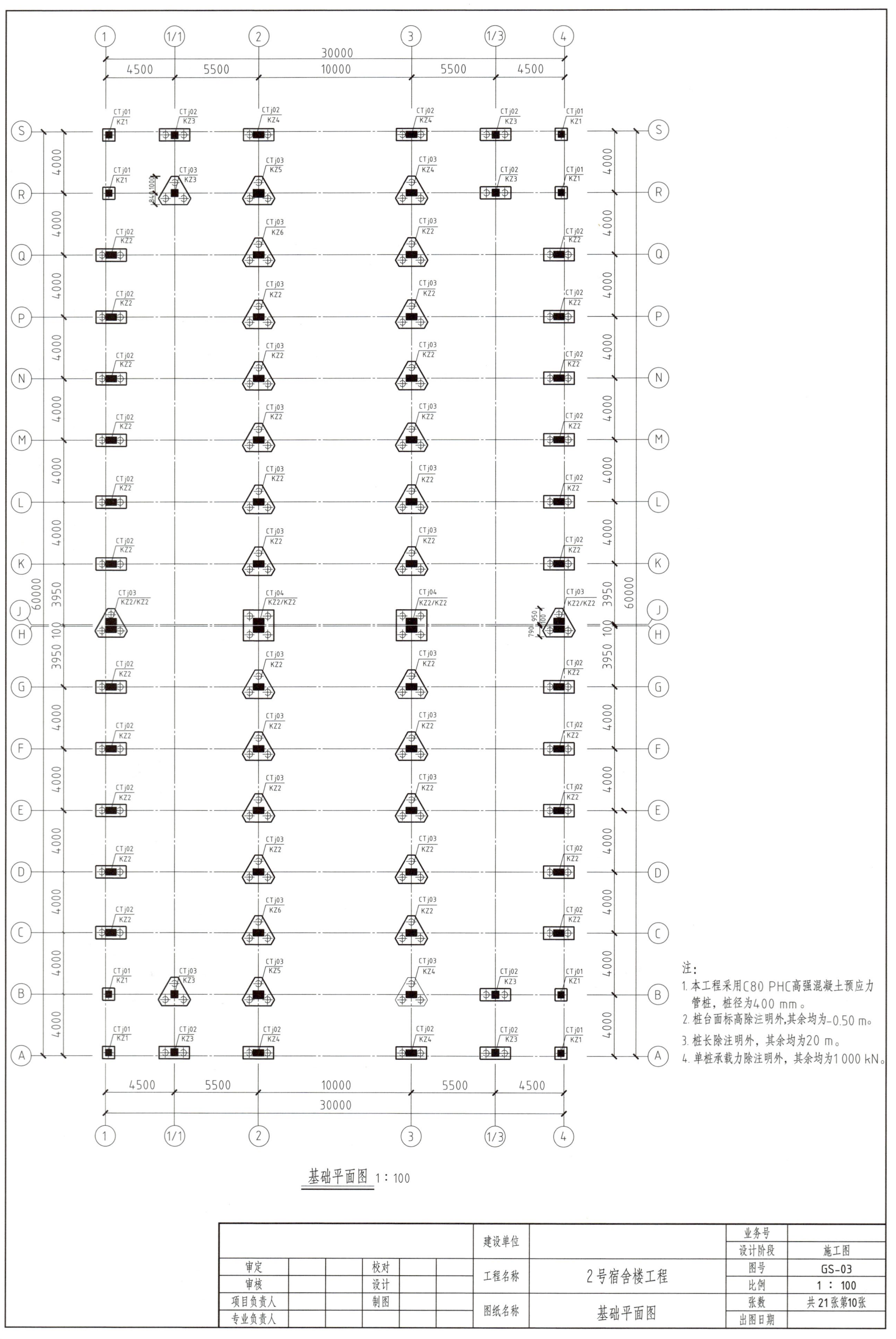

基础平面图 1：100

注：
1. 本工程采用C80 PHC高强混凝土预应力管桩，桩径为400 mm。
2. 桩台面标高除注明外，其余均为-0.50 m。
3. 桩长除注明外，其余均为20 m。
4. 单桩承载力除注明外，其余均为1 000 kN。

						建设单位		业务号	
								设计阶段	施工图
审定			校对			工程名称	2号宿舍楼工程	图号	GS-03
审核			设计					比例	1 ： 100
项目负责人			制图			图纸名称	基础平面图	张数	共21张第10张
专业负责人								出图日期	

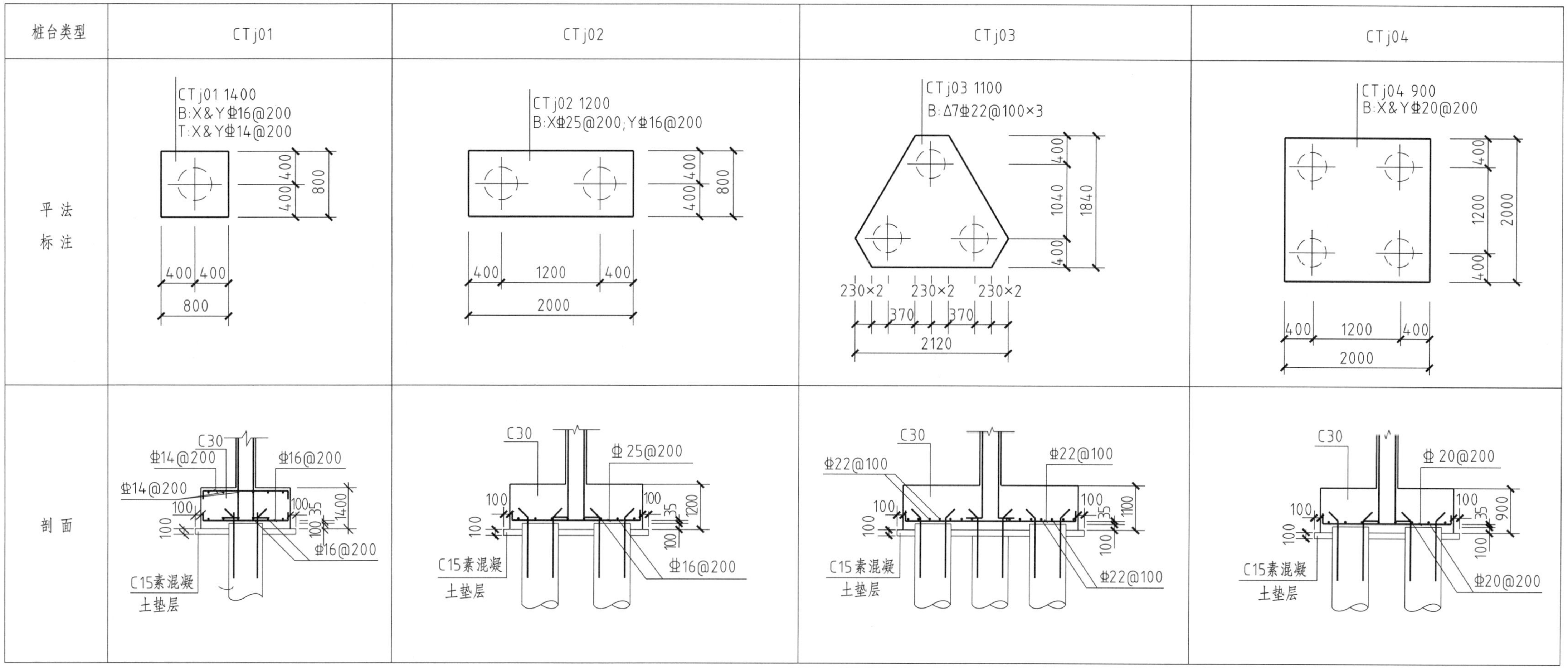

桩台类型	CTj01	CTj02	CTj03	CTj04
平法标注	CTj01 1400 B:X&YΦ16@200 T:X&YΦ14@200 400 400 800	CTj02 1200 B:XΦ25@200;YΦ16@200 400 400 800 400 1200 400 2000	CTj03 1100 B:Δ7Φ22@100×3 400 1040 400 1840 230×2 230×2 230×2 370 370 2120	CTj04 900 B:X&YΦ20@200 400 1200 400 2000 400 1200 400 2000
剖面	C30 Φ14@200 Φ16@200 Φ14@200 100 100 35 1400 100 Φ16@200 C15素混凝土垫层	C30 Φ25@200 100 100 35 1200 100 100 Φ16@200 C15素混凝土垫层	C30 Φ22@100 Φ22@100 100 100 35 1100 100 100 Φ22@100 C15素混凝土垫层	C30 Φ20@200 100 100 35 900 100 100 Φ20@200 C15素混凝土垫层

桩承台配筋构造大样图 1：30

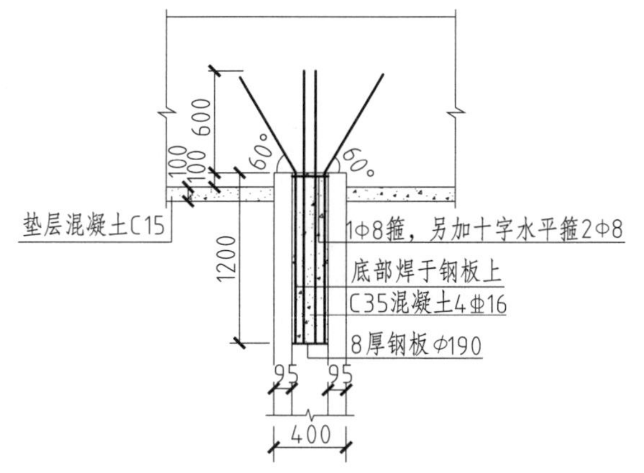

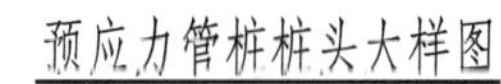
预应力管桩桩头大样图

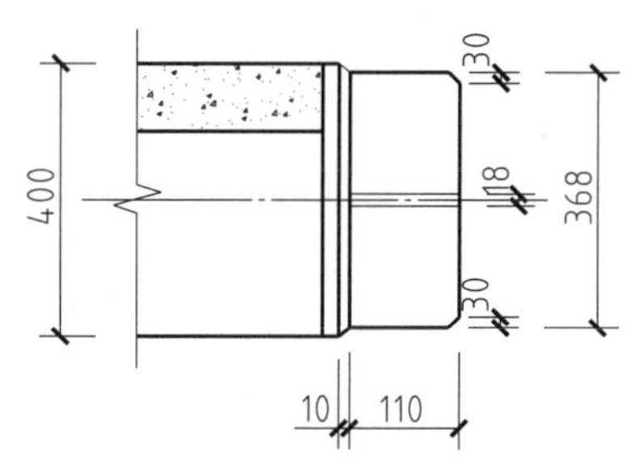

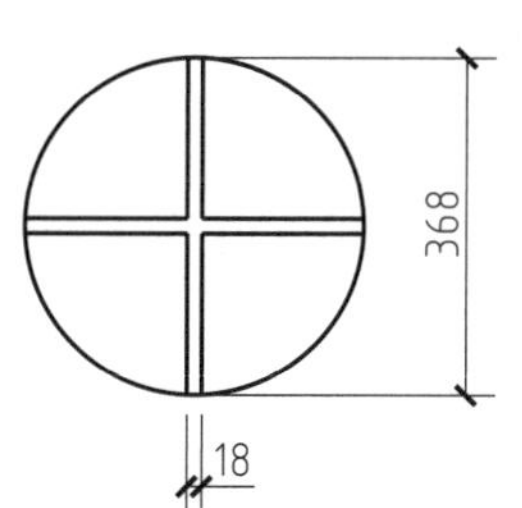

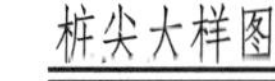
桩尖大样图

					建设单位		业务号	
							设计阶段	施工图
审定			校对		工程名称	2号宿舍楼工程	图号	GS-04
审核			设计				比例	1：30
项目负责人			制图		图纸名称	桩承台配筋构造大样图	张数	共21张第11张
专业负责人							出图日期	

柱 表

柱号 / 标高（m）	楼层编号	$b\times h$（mm×mm）	全部纵筋	角筋	b 边一侧中部筋	h 边一侧中部筋	箍筋类型号	箍筋	其他箍筋	箍筋上下加密区长度	节点箍筋
KZ1											
-0.500~-0.050	0	400×400		4⌀16	1⌀16	1⌀16	1（3×3）	Φ8@100			
-0.500~18.350	1~5	400×400		4⌀16	1⌀16	1⌀16	1（3×3）	Φ8@100/200			
KZ2											
-0.500~-0.050	0	700×400		4⌀16	2⌀16	1⌀16	1（4×3）	Φ8@100			
-0.500~7.550	1~2	700×400		4⌀16	2⌀16	1⌀16	1（4×3）	Φ8@100/200			
7.550~14.750	3~4	600×400		4⌀16	2⌀16	1⌀16	1（4×3）	Φ8@100/200			
14.750~18.350	5	500×400		4⌀16	1⌀16	1⌀16	1（3×3）	Φ8@100/200			
KZ3											
-0.500~-0.050	0	450×450		4⌀16	1⌀16	1⌀16	1（3×3）	Φ8@100			
-0.500~3.950	1	450×450		4⌀16	1⌀16	1⌀16	1（3×3）	Φ8@100/200			
3.950~21.950	2~6	400×400		4⌀16	1⌀16	1⌀16	1（3×3）	Φ8@100/200			
KZ4											
-0.500~-0.050	0	700×400		4⌀16	2⌀16	1⌀16	1（4×3）	Φ8@100			
-0.500~7.550	1~2	700×400		4⌀16	2⌀16	1⌀16	1（4×3）	Φ8@100/200			
7.550~14.750	3~4	600×400		4⌀16	2⌀16	1⌀16	1（4×3）	Φ8@100/200			
14.750~21.950	5~6	500×400		4⌀16	1⌀16	1⌀16	1（3×3）	Φ8@100/200			
KZ5											
-0.500~-0.050	0	700×500		4⌀18	2⌀16	1⌀18	1（4×3）	Φ8@100			
-0.050~3.950	1	700×500		4⌀18	2⌀16	1⌀18	1（4×3）	Φ8@100/200			
3.950~7.550	2	700×400		4⌀18	2⌀16	1⌀18	1（4×3）	Φ8@100/200			
7.550~14.750	3~4	600×400		4⌀16	2⌀16	1⌀16	1（4×3）	Φ8@100/200			
14.750~21.950	5~6	500×400		4⌀16	1⌀16	1⌀16	1（3×3）	Φ8@100/200			
KZ6											
-0.500~-0.050	0	700×400		4⌀20	2⌀20	1⌀18	1（4×3）	Φ8@100			
-0.050~3.950	1	700×400		4⌀20	2⌀20	1⌀18	1（4×3）	Φ8@100/200			
3.950~7.550	2	700×400		4⌀16	2⌀16	1⌀18	1（4×3）	Φ8@100/200			
7.550~14.750	3~4	600×400		4⌀16	2⌀16	1⌀16	1（4×3）	Φ8@100/200			
14.750~18.350	5	500×400		4⌀16	1⌀16	1⌀16	1（3×3）	Φ8@100/200			
TZ1											
3.950~5.750	2	200×180		4⌀14			1（2×2）	Φ8@100			
7.550~9.350	3	200×180		4⌀14			1（2×2）	Φ8@100			
11.150~12.950	4	200×180		4⌀14			1（2×2）	Φ8@100			
14.750~16.670	5	200×180		4⌀14			1（2×2）	Φ8@100			

			建设单位		业务号	
审定		校对		工程名称	2号宿舍楼工程	设计阶段	施工图
审核		设计				图号	GS-05
项目负责人		制图		图纸名称	柱表	比例	1 ： 100
专业负责人						张数	共21张第12张
						出图日期	

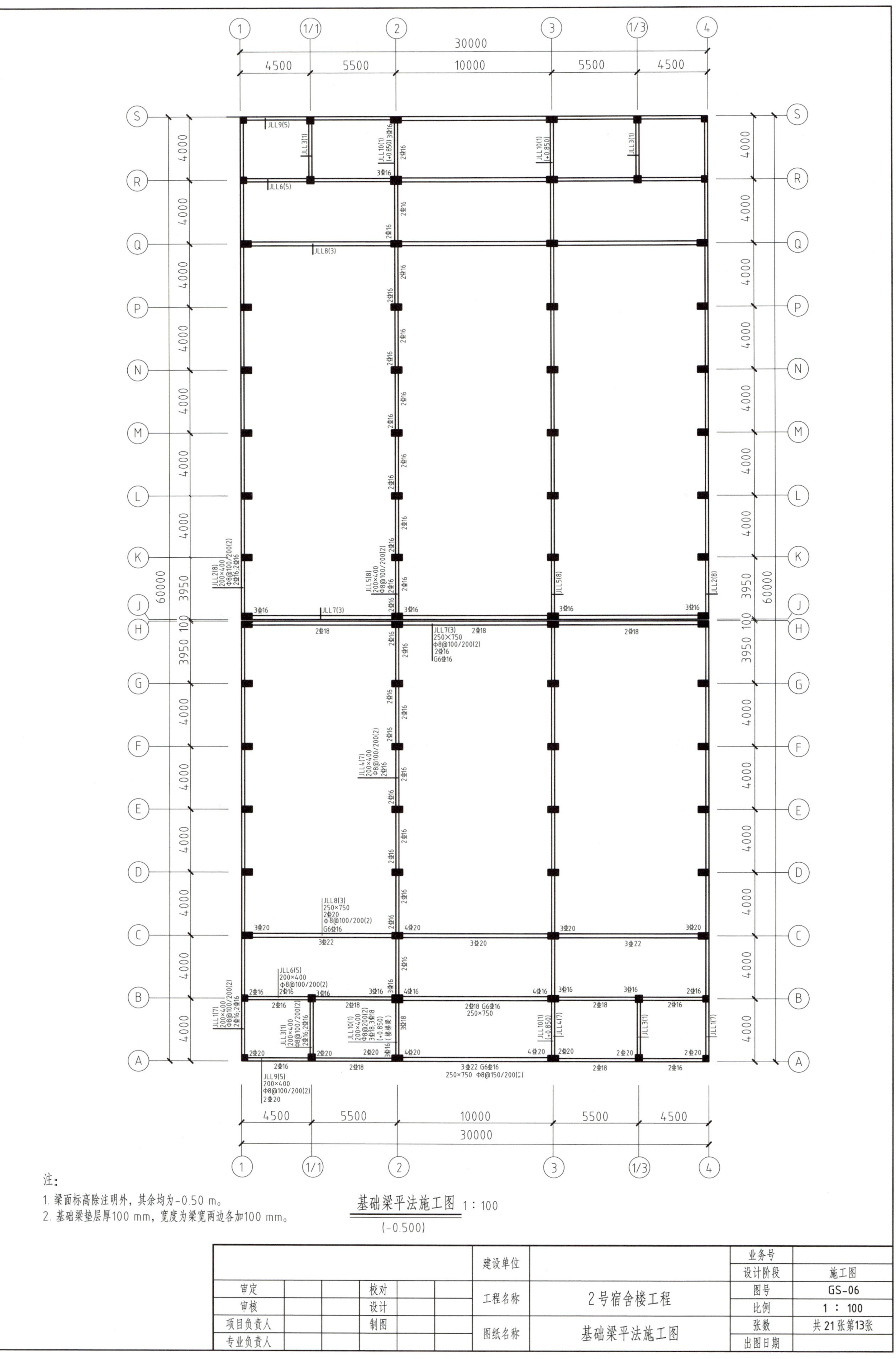

注：
1. 梁面标高除注明外，其余均为-0.50 m。
2. 基础梁垫层厚100 mm，宽度为梁宽两边各加100 mm。
基础梁平法施工图 1：100
(-0.500)
建设单位
工程名称
2号宿舍楼工程
图纸名称
基础梁平法施工图
审定
审核
项目负责人
专业负责人
校对
设计
制图
业务号
设计阶段
施工图
图号
GS-06
比例
1 ： 100
张数
共21张第13张
出图日期

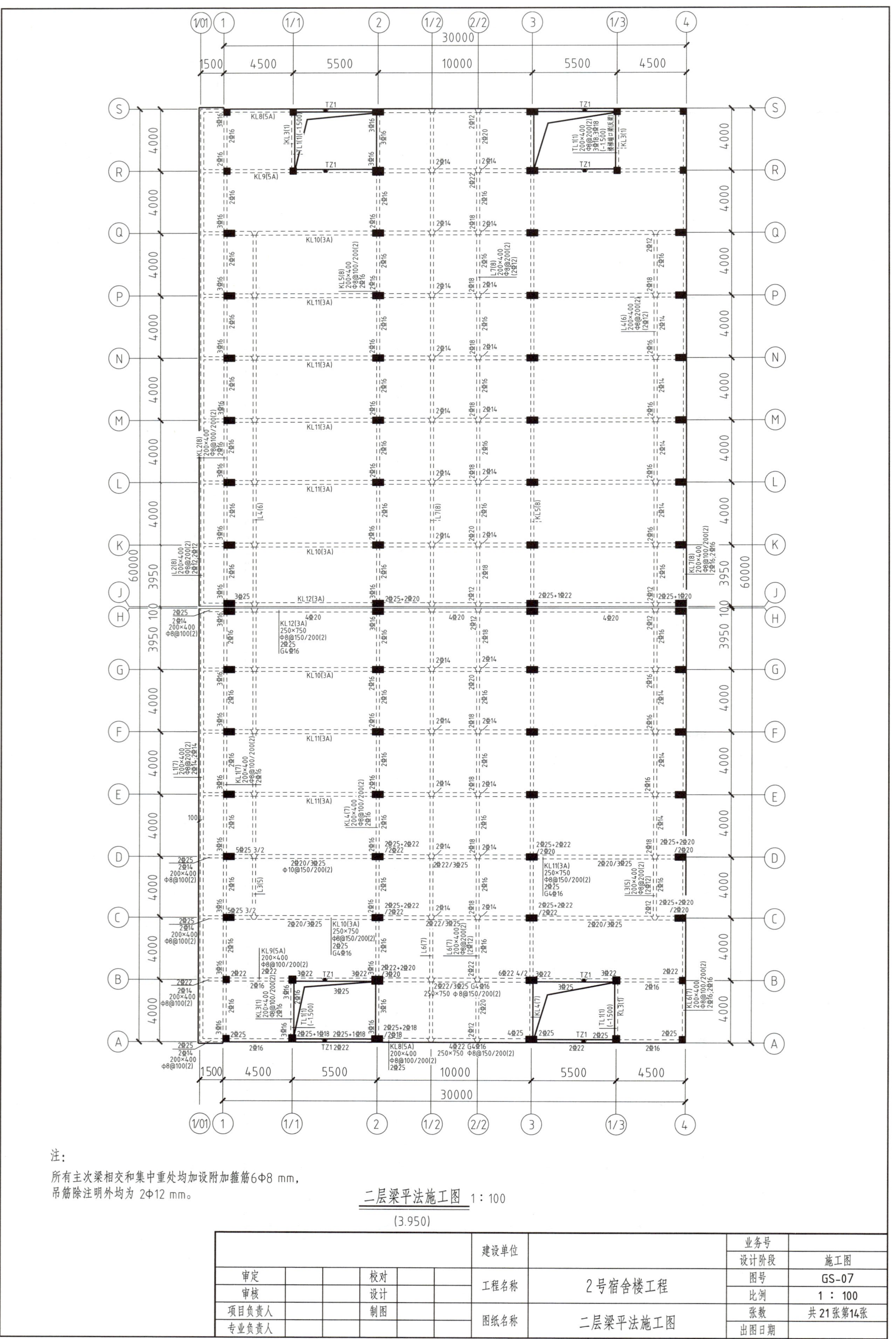
注：
所有主次梁相交和集中重处均加设附加箍筋6Φ8 mm，
吊筋除注明外均为 2Φ12 mm。
二层梁平法施工图 1：100
(3.950)
建设单位
审定
校对
审核
设计
项目负责人
制图
专业负责人
工程名称
2号宿舍楼工程
图纸名称
二层梁平法施工图
业务号
设计阶段
施工图
图号
GS-07
比例
1 ： 100
张数
共21张第14张
出图日期

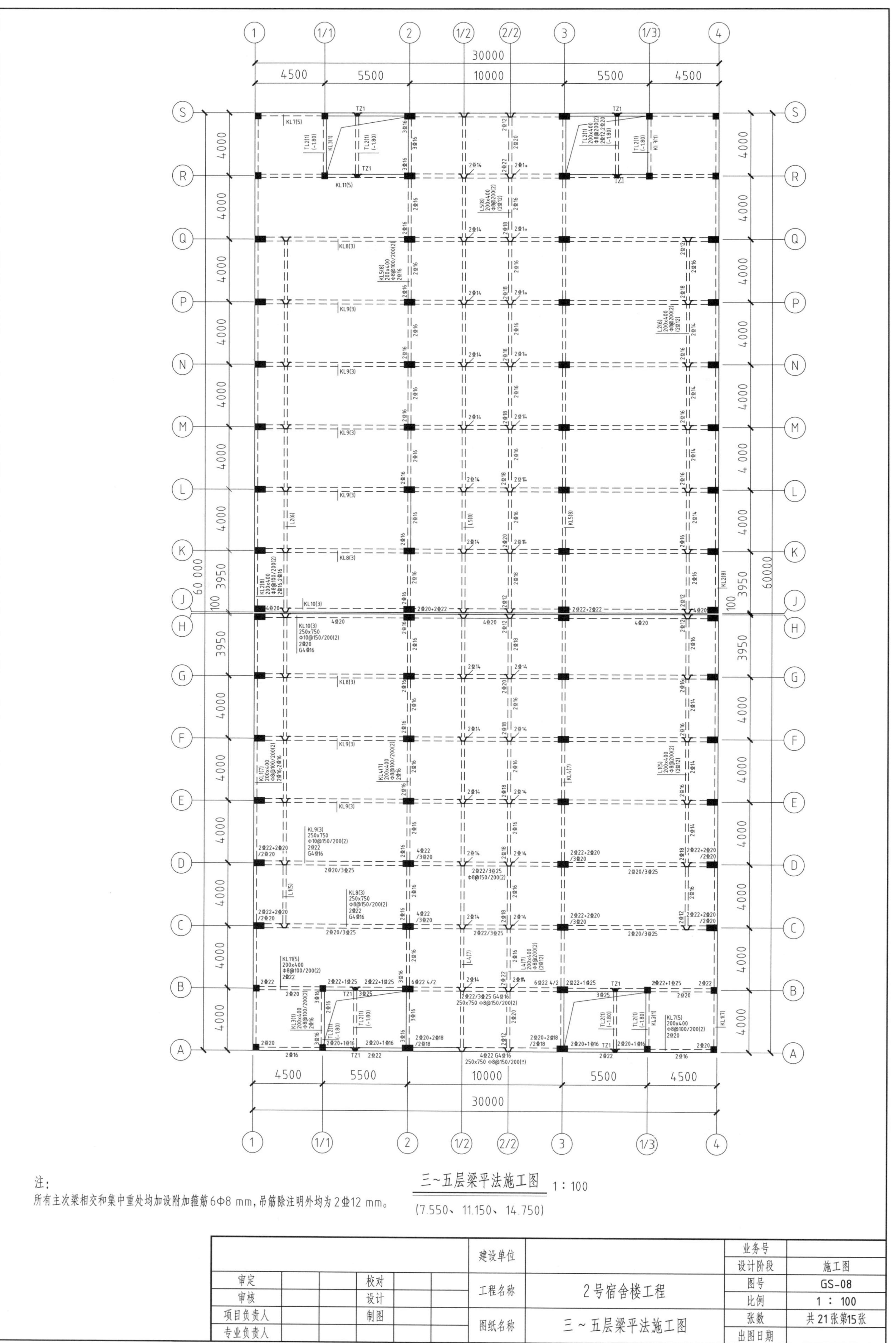
三~五层梁平法施工图 1：100
(7.550、11.150、14.750)
注：
所有主次梁相交和集中重处均加设附加箍筋6Φ8 mm，吊筋除注明外均为2Φ12 mm。
建设单位
工程名称 2号宿舍楼工程
图纸名称 三~五层梁平法施工图
审定
审核
项目负责人
专业负责人
校对
设计
制图
业务号
设计阶段 施工图
图号 GS-08
比例 1 ： 100
张数 共21张第15张
出图日期

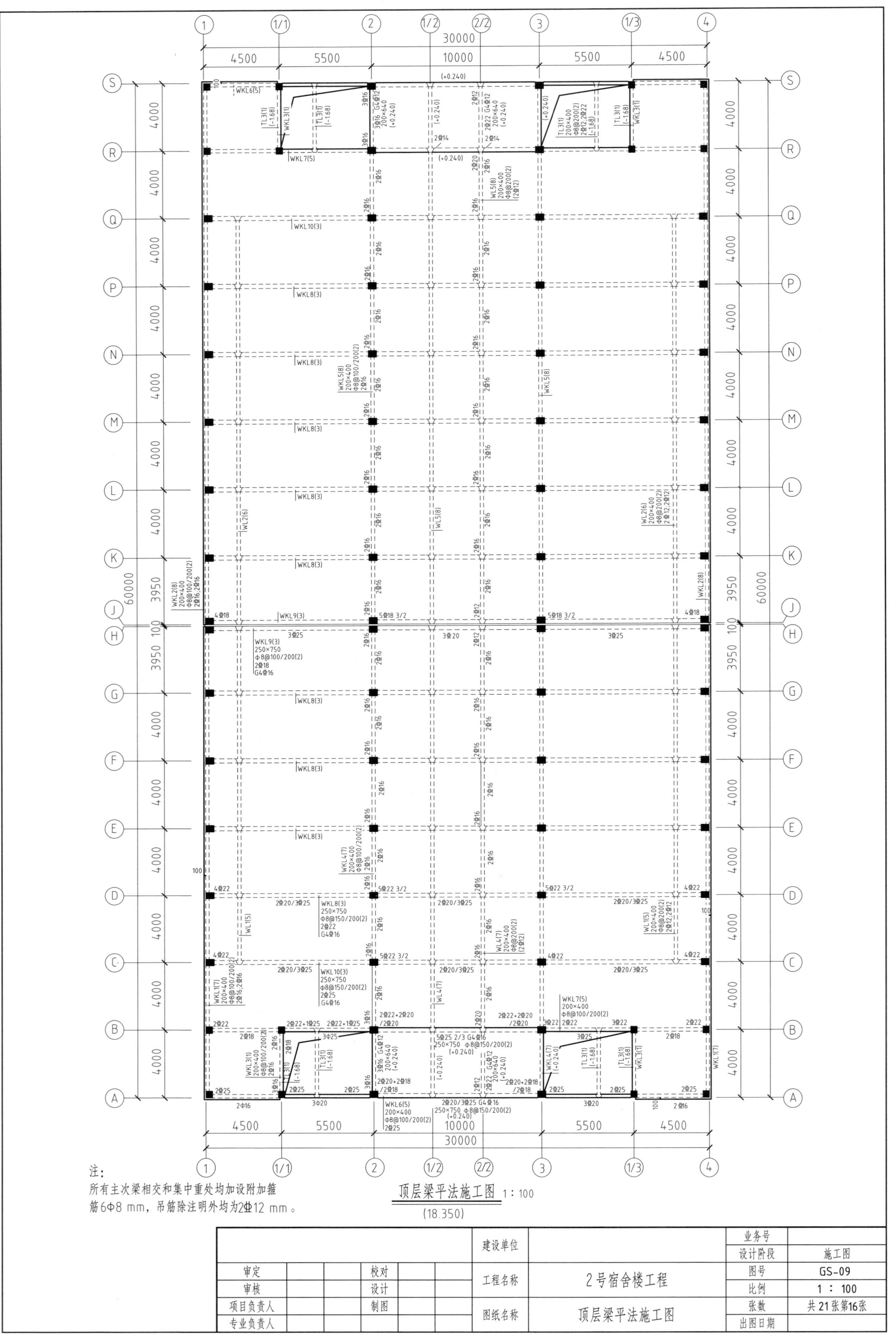
顶层梁平法施工图 1：100
(18.350)
注：
所有主次梁相交和集中重处均加设附加箍筋6Φ8 mm，吊筋除注明外均为2Φ12 mm。
建设单位
审定
审核
项目负责人
专业负责人
校对
设计
制图
工程名称 2号宿舍楼工程
图纸名称 顶层梁平法施工图
业务号
设计阶段 施工图
图号 GS-09
比例 1：100
张数 共21张第16张
出图日期

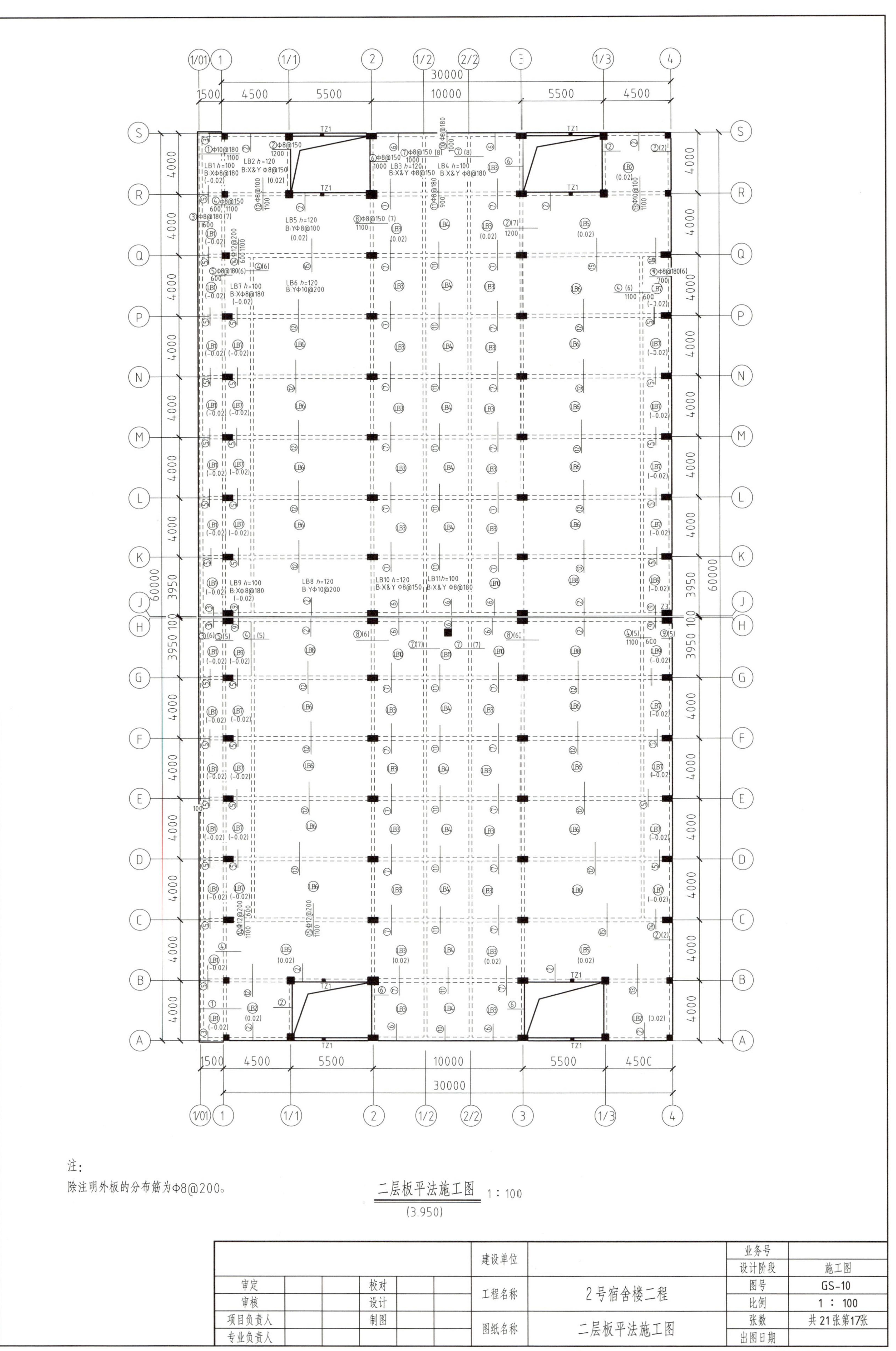

注：

除注明外板的分布筋为Φ8@200。

二层板平法施工图 1:100

(3.950)

				建设单位		业务号	
审定		校对		工程名称	2号宿舍楼二程	设计阶段	施工图
审核		设计				图号	GS-10
项目负责人		制图		图纸名称	二层板平法施工图	比例	1 : 100
专业负责人						张数	共21张第17张
						出图日期	

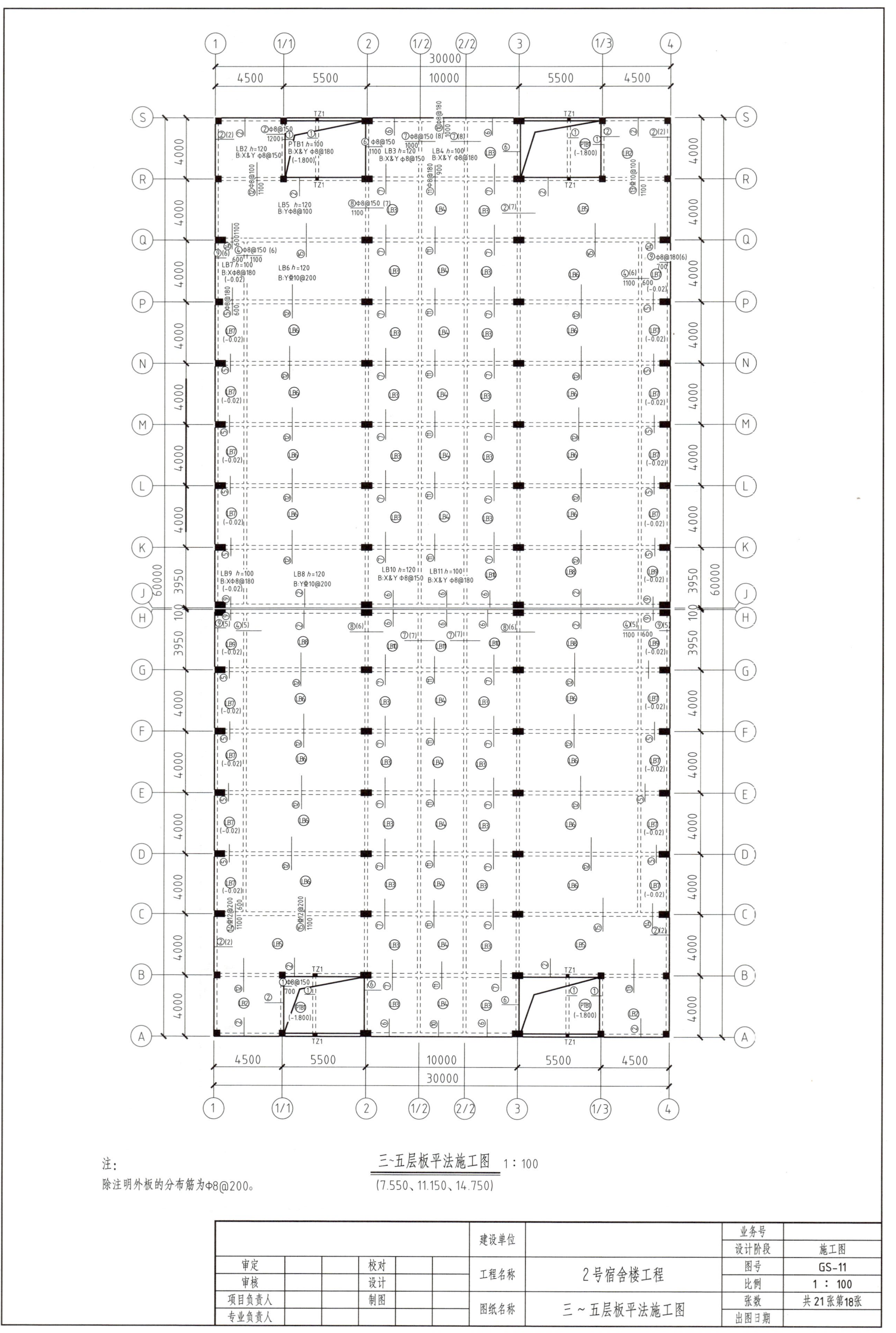

注：

除注明外板的分布筋为Φ8@200。

三~五层板平法施工图 1∶100

(7.550、11.150、14.750)

				建设单位		业务号	
审定		校对		工程名称	2号宿舍楼工程	设计阶段	施工图
审核		设计				图号	GS-11
项目负责人		制图		图纸名称	三~五层板平法施工图	比例	1 ∶ 100
专业负责人						张数	共21张第18张
						出图日期	

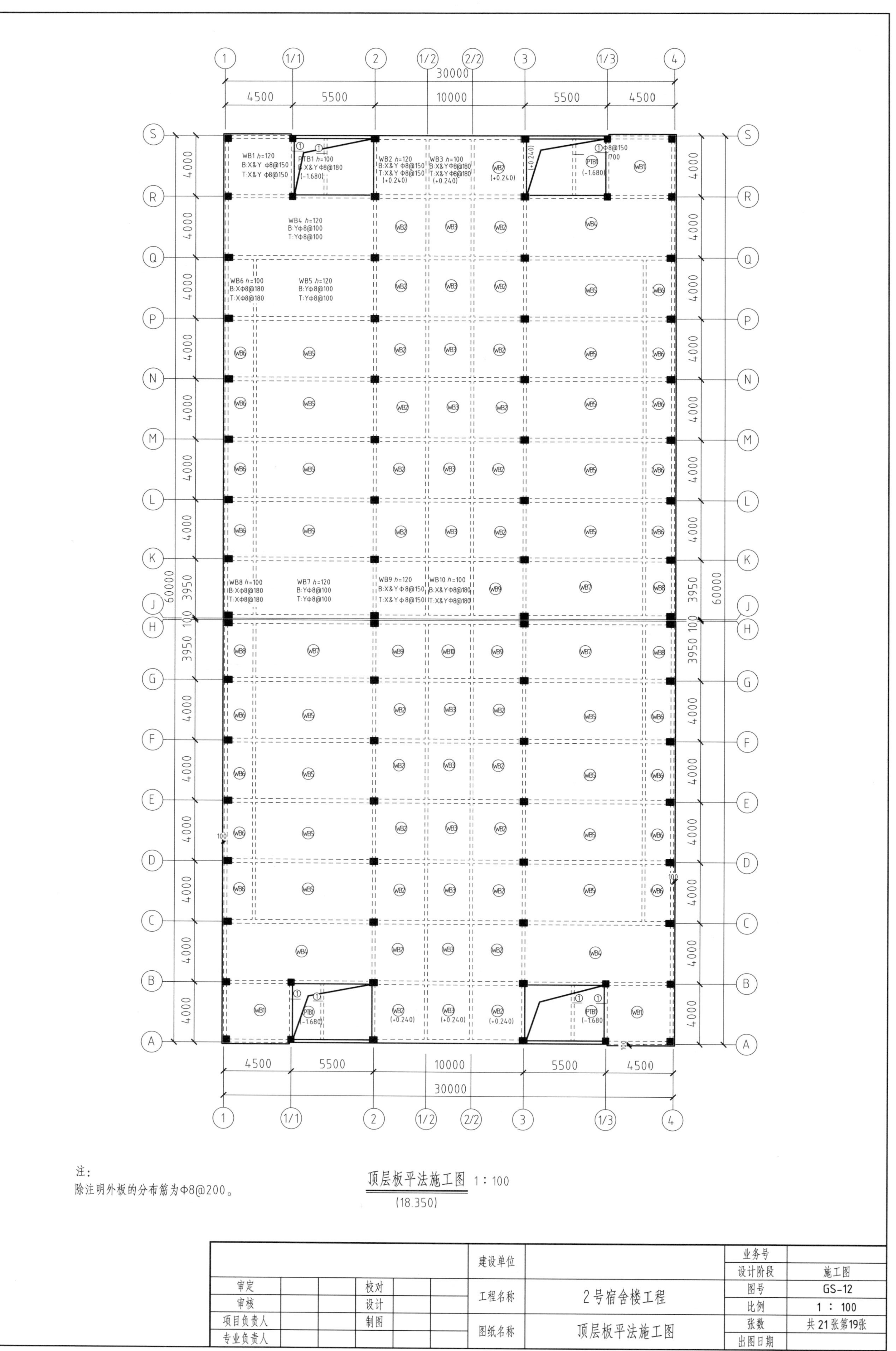

WB1 h=120
B:X&Y Φ8@150
T:X&Y Φ8@150
PTB1 h=100
B:X&Y Φ8@180
(-1.680)
WB2 h=120
B:X&Y Φ8@150
T:X&Y Φ8@150
(+0.240)
WB3 h=100
B:X&Y Φ8@180
T:X&Y Φ8@180
(+0.240)
WB4 h=120
B:YΦ8@100
T:YΦ8@100
WB5 h=120
B:YΦ8@100
T:YΦ8@100
WB6 h=100
B:XΦ8@180
T:XΦ8@180
WB7 h=120
B:YΦ8@100
T:YΦ8@100
WB8 h=100
B:XΦ8@180
T:XΦ8@180
WB9 h=120
B:X&Y Φ8@150
T:X&Y Φ8@150
WB10 h=100
B:X&Y Φ8@180
T:X&Y Φ8@180
注：
除注明外板的分布筋为Φ8@200。
顶层板平法施工图 1：100
(18.350)
建设单位
审定
审核
项目负责人
专业负责人
校对
设计
制图
工程名称
2号宿舍楼工程
图纸名称
顶层板平法施工图
业务号
设计阶段
施工图
图号
GS-12
比例
1 ： 100
张数
共21张第19张
出图日期

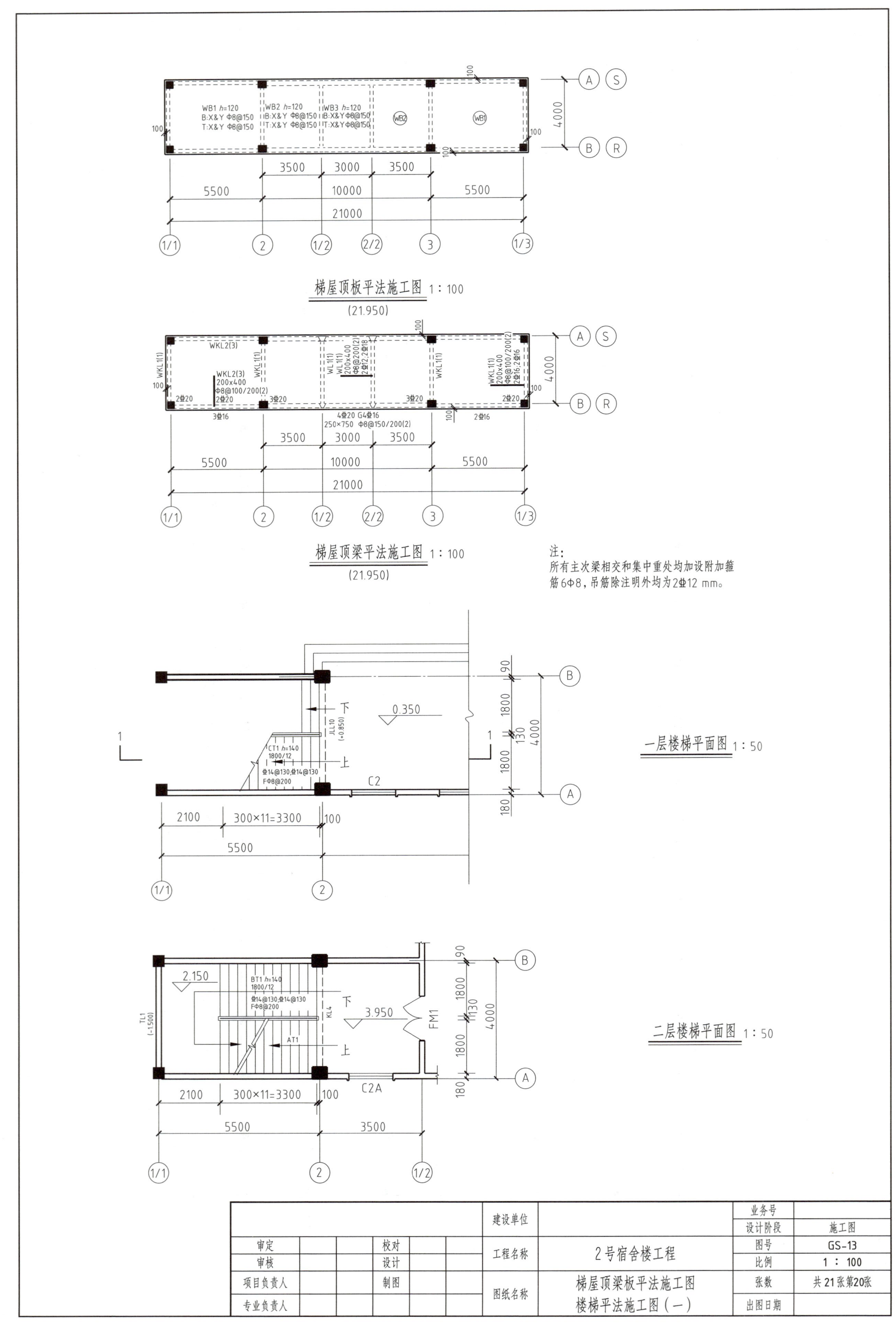

				建设单位		业务号	
						设计阶段	施工图
审定		校对		工程名称	2号宿舍楼工程	图号	GS-13
审核		设计				比例	1 : 100
项目负责人		制图		图纸名称	梯屋顶梁板平法施工图 楼梯平法施工图（一）	张数	共21张第20张
专业负责人						出图日期	

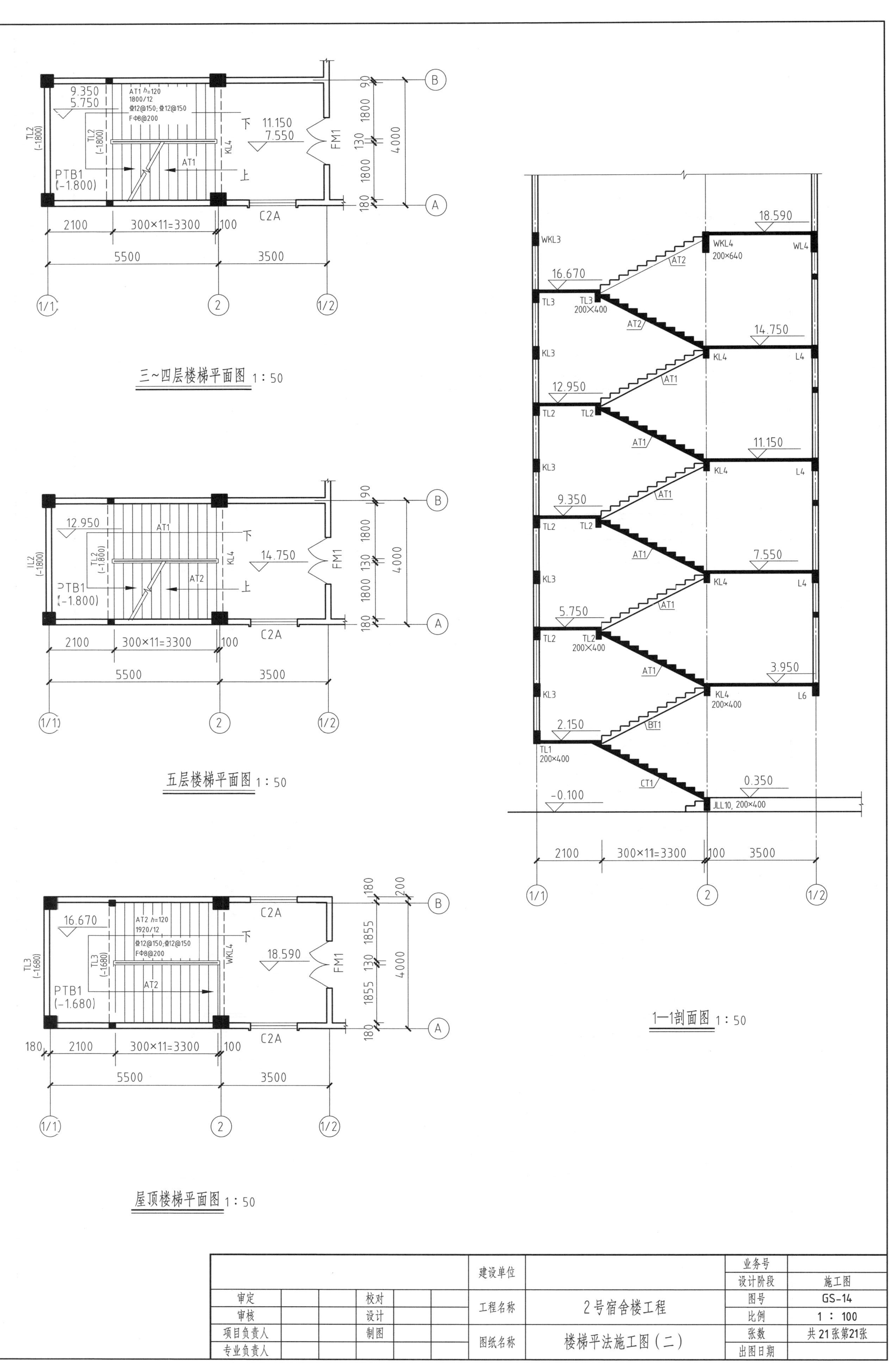
三~四层楼梯平面图 1:50
五层楼梯平面图 1:50
屋顶楼梯平面图 1:50
1—1剖面图 1:50
AT1 h=120
1800/12
⌀12@150; ⌀12@150
FΦ8@200
AT2 h=120
1920/12
⌀12@150; ⌀12@150
FΦ8@200
PTB1
(-1.800)
PTB1
(-1.680)
TL2
(-1800)
TL3
(-1680)
KL4
WKL4
FM1
C2A
下
上
AT1
AT2
BT1
CT1
WKL3
WL4
KL3
TL1
200×400
TL2
200×400
TL3
200×400
KL4
200×400
WKL4
200×640
L4
L6
JLL10, 200×400
18.590
16.670
14.750
12.950
11.150
9.350
7.550
5.750
3.950
2.150
0.350
-0.100
2100
300×11=3300
100
3500
5500
4000
1800
130
1855
90
180
200
(1/1)
(2)
(1/2)
(A)
(B)
建设单位
审定
审核
项目负责人
专业负责人
校对
设计
制图
工程名称
2号宿舍楼工程
图纸名称
楼梯平法施工图（二）
业务号
设计阶段
施工图
图号
GS-14
比例
1 : 100
张数
共21张第21张
出图日期

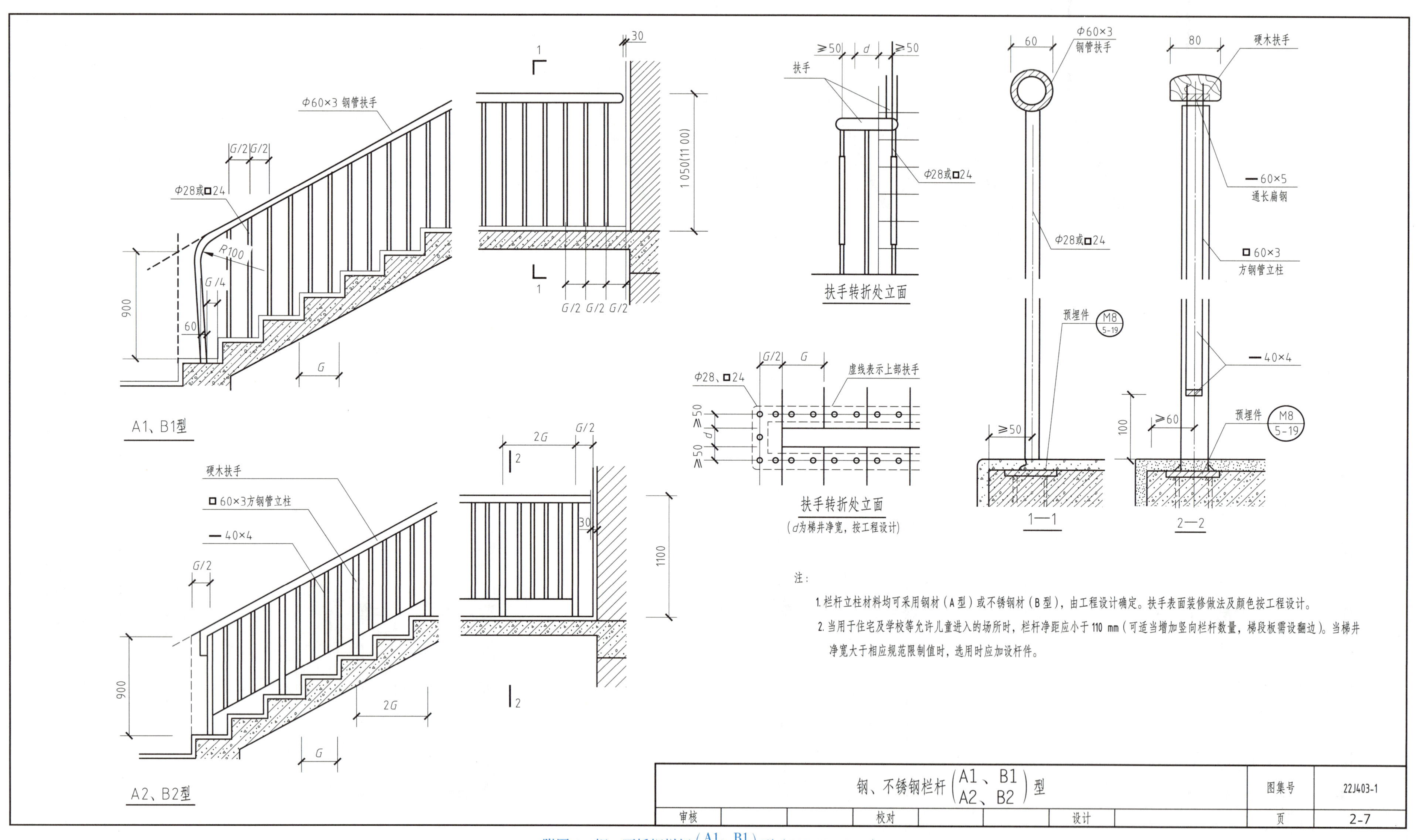

附图 1 钢、不锈钢栏杆（A1、B1 / A2、B2）型（22J403-1/2-7）

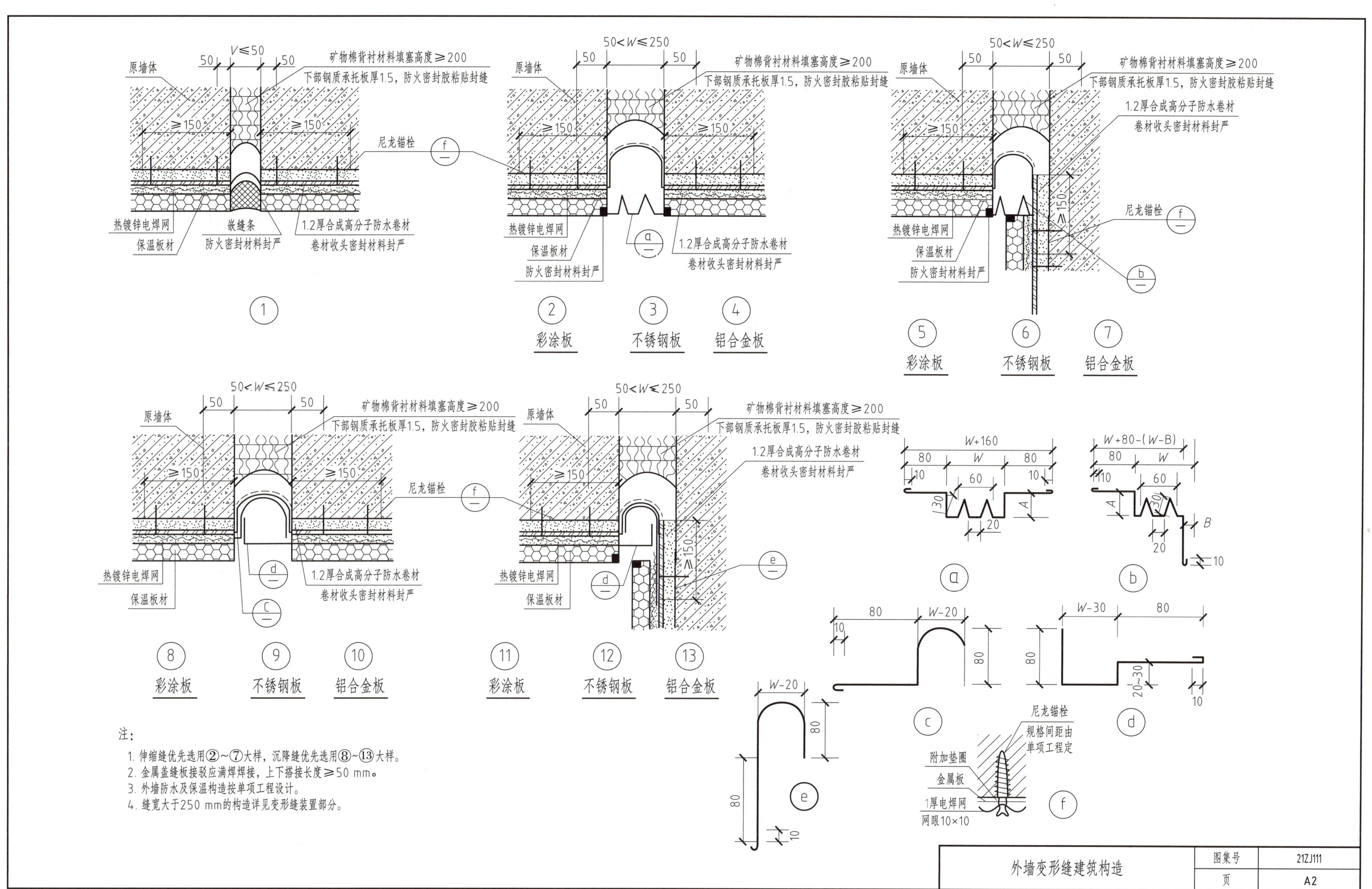

附图 2 外墙变形缝建筑构造（21ZJ111-A2）

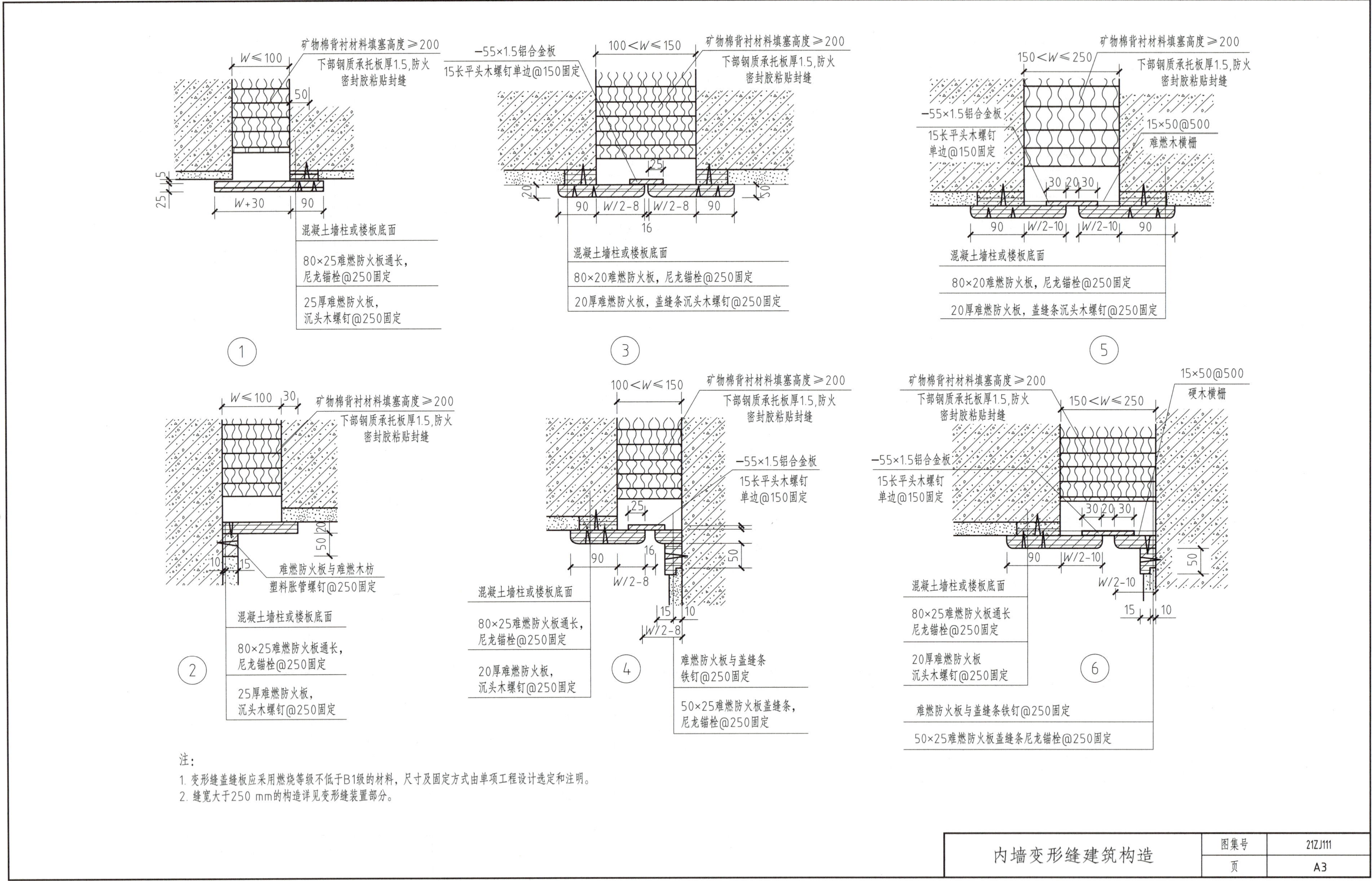

注:

1. 变形缝盖缝板应采用燃烧等级不低于B1级的材料，尺寸及固定方式由单项工程设计选定和注明。
2. 缝宽大于250 mm的构造详见变形缝装置部分。

内墙变形缝建筑构造	图集号	21ZJ111
	页	A3

附图3　内墙变形缝建筑构造（21ZJ111-A3）

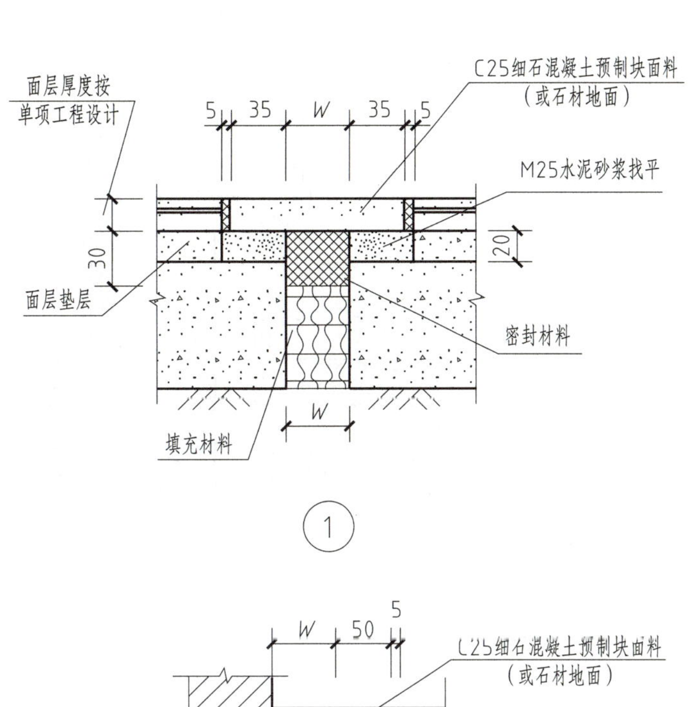

①

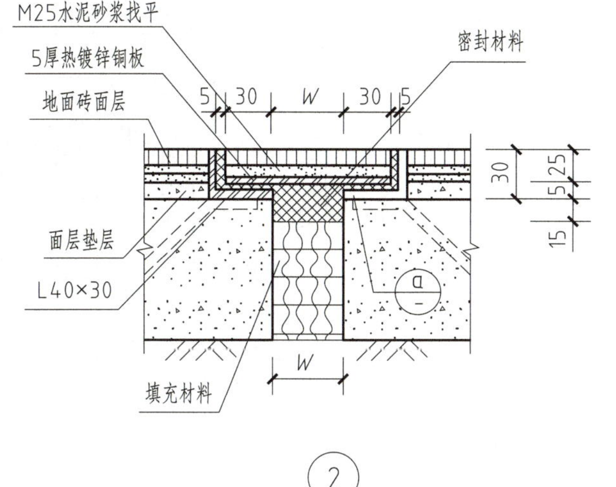

②

W 50 5
C25细石混凝土预制块面料
（或石材地面）
15 15
20
面层垫层
密封材料
M25水泥砂浆找平
填充材料

③

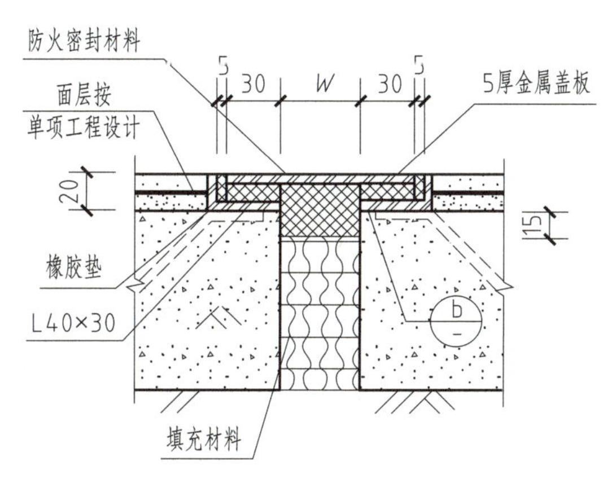

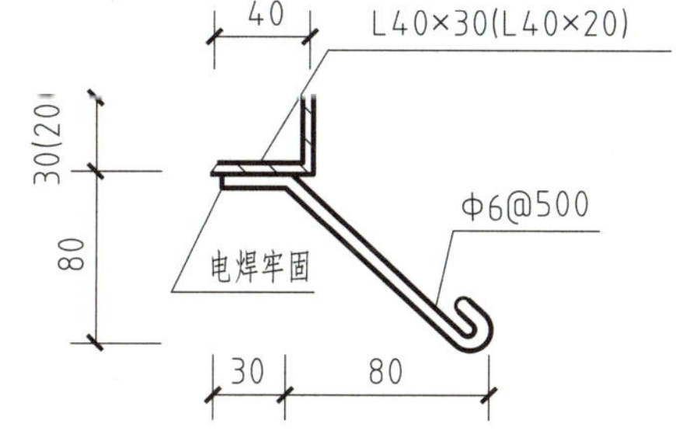

ⓐ ⓑ

括号内数字为ⓑ尺寸。

⑤ 彩涂板　⑥ 不锈钢板　⑦ 铝合金板

注：1. 底层地面沉降缝和楼层地面沉降缝、伸缩缝、防震缝的设置，均应与结构相应的缝位置一致，且应贯通地面的各构造层，并做盖缝处理；变形缝应设在排水坡的分水线上，不应通过有液体流经或聚集的部位。
2. 单项工程设计地面面层厚度与本图构件尺寸不符时，应相应调整该构件尺寸。
3. 地面防潮层按单项设计。

地面变形缝建筑构造	图集号	21ZJ111
	页	A5

附图4　地面变形缝建筑构造（21ZJ111-A5）

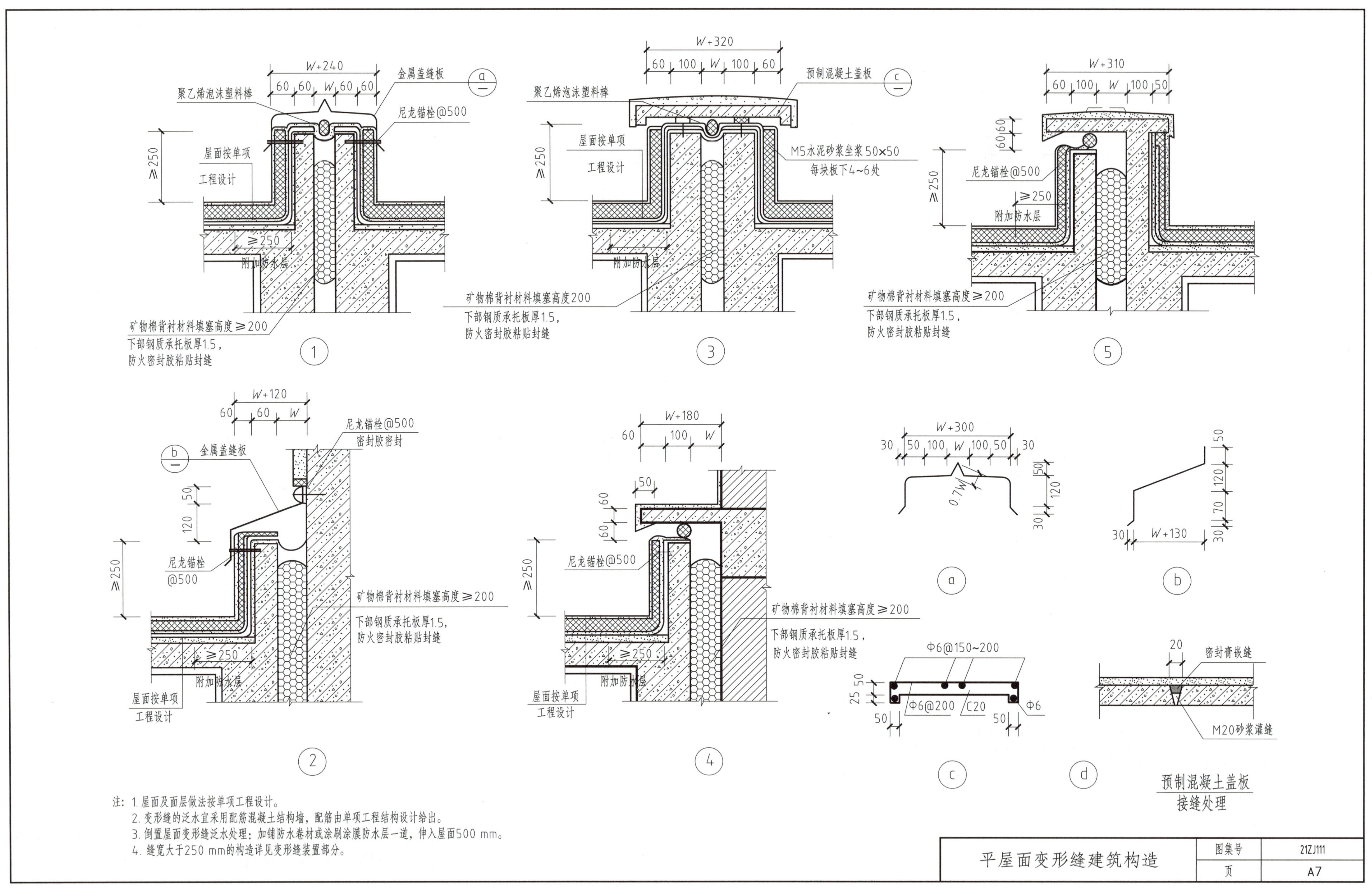

附图 5 平屋面变形缝建筑构造（21ZJ111–A7）

附录2 常 用 表 格

附表 1

清单工程量计算表

工程名称：　　　　　　　　　　　　　　　　　　　　　　　　第　　页，共　　页

序号	工程项目	轴线说明	工程量计算式	单位	数量	备注

附表 2

分部分项工程和单价措施项目清单与计价表

工程名称：

序号	项目编码	项目名称	项目特征描述	计量单位	工程量	金额（元）		
						综合单价	合价	其中：暂估价

附表 3

综合单价分析表

工程名称： 第　　页，共　　页

项目编码		项目名称							计量单位		清单工程量		
综合单价分析													
定额编号	定额子目名称	定额单位	工程数量	单价（元）					合价（元）				
				人工费	材料费	机具费	管理费	利润	人工费	材料费	机具费	管理费	利润
		小计											
		未计价材料费											
综合单价													

	主要材料名称、规格、型号	单位	数量	单价（元）	合价（元）	暂估单价（元）	暂估合价（元）
材料费明细							
	其他材料费						
	材料费小计						

附表 4

措施项目清单与计价汇总表

工程名称： 第　　页，共　　页

序号	项目编码	项目名称	项目特征描述	计量单位	工程量	计算基础	费率（%）	金额（元）		备注
								综合单价	综合合价	
合　计										

附表 5

其他项目清单与计价汇总表

工程名称：　　　　　　　　　　　　　　　　　　　　　　　　　　　　　　　　　　　　第　　页，共　　页

序号	项目名称	计算基础	费率（%）	金额（元）
	合　　计			

附表 6

税金项目清单与计价表

工程名称：　　　　　　　　　　　　　　　　　　　　　　　　　　　　　　　　　　　　第　　页，共　　页

序号	项目名称	计算基础	费率（%）	金额（元）
1	增值税			
合　　计				

附表 7

单位工程最高投标限价汇总表

工程名称：　　　　　　　　　　　　　　　　　　　　　　　　　　　　第　　页，共　　页

序号	费用名称	计算基础	费率（%）	金额（元）
1	分部分项工程费			
2	措施项目费			
2.1	安全文明施工费			
2.2	其他措施项目费			
3	其他项目费			
4	不含税工程造价			
5	增值税			
6	含税工程造价			
合计（大写）：				